变地形下凹型内波环境中墩柱受力特性研究

王 寅 张雯雯 石 莎 著

江西高校出版社
JIANGXI UNIVERSITIES AND COLLEGES PRESS

南昌

图书在版编目(CIP)数据

变地形下凹型内波环境中墩柱受力特性研究／王寅，张雯雯，石莎著. -- 南昌：江西高校出版社，2024. 12.

ISBN 978 - 7 - 5762 - 5455 - 6

Ⅰ. TU753.6

中国国家版本馆 CIP 数据核字第 2024H87A29 号

策 划 编 辑　　陈永林　　责 任 编 辑　　黄　倩
装 帧 设 计　　王煜宣　　责 任 印 制　　李香娇

出 版 发 行　　江西高校出版社
社　　　　址　　江西省南昌市洪都北大道96 号
邮 政 编 码　　330046
总 编 室 电 话　　0791 - 88504319
销 售 电 话　　0791 - 88511423
网　　　　址　　www. juacp. com
印　　　　刷　　江西新华印刷发展集团有限公司
经　　　　销　　全国新华书店
开　　　　本　　700 mm×1000 mm　1/16
印　　　　张　　9.5
字　　　　数　　160 千字
版　　　　次　　2024 年 12 月第 1 版
印　　　　次　　2024 年 12 月第 1 次印刷
书　　　　号　　ISBN 978 - 7 - 5762 - 5455 - 6
定　　　　价　　58. 00 元

赣版权登字 -07 -2024 -1107

前　言

　　内波是在海洋、河口、湖泊等流体系统中由于水体密度沿水深不均匀分布所产生的常见物理现象，是一种具有波幅大、周期短、携带能量大等特点的特殊非线性波，易对海洋工程结构物造成巨大威胁，进而影响结构物的安全稳定。同时，随着全球人口快速增长，人类对资源的需求与日俱增，人们的目光从陆地转向海洋，海洋资源的开发日益受到重视。而我国近海区域油气资源丰富，是海洋油气开发的关键区域。因此，研究海洋动力学特性是解决海洋、近岸、河口油气资源开发中众多技术难题的重要途径。通过深入探索海洋、近岸、河口环境中的内波现象，可以更好地了解水下复杂环境对开发过程的影响，有助于提高开发效率、减少环境风险；探究水下柱状结构物在此类复杂分层水环境下的扰动效应，可以更好地了解海洋、河口等复杂环境因素对开发过程的影响，有助于保障水下结构物安全，对于深入理解水下复杂的流动现象具有重要意义。本书通过数值模拟研究方法，研究了变地形下凹型内波环境中墩柱的受力特性，为海洋工程结构物的安全稳定提供了科学依据。

　　本书采用数值模拟研究方法，建立了三维精细数值水槽模型，利

用重力塌陷法在两层流体中制造内波,并应用大涡模拟(LES)技术详细分析了内波的产生、传播及其与地形相互作用的过程;通过改变数值水槽底部地形,对比内波传播过程中不同地形上墩柱受力机理差异,分别研究了岸坡地形上单柱和串列双柱的受力特性并对比两者的异同,在此基础上,进一步探索了不同地形上串列双柱的受力特性,并分析对比单柱、双柱受力的异同;通过剖析受力历时曲线图、涡量图、流场分布图和压强分布图,深入研究了岸坡地形下凹型内波环境中不同影响因子对单柱及串列双柱受力特性的影响。主要结论如下:

1. 内波在传播至岸坡地形时会与岸坡发生相互作用,使柱体周围流场更复杂多变。以上、下水体分层面(密度跃层)为界,地形对柱体受力的影响主要由柱体上部分背流面的压强变化及柱体下部分迎流面压强变化所贡献。这在一定程度上削弱了内波上层流体流速、增强了下层流体流速,并对墩柱下部分造成冲击,促使柱体所受水平合力方向与无地形时受力方向相反且承受了更大的水平作用力,极大地改变了柱体受力特性。而当内波与地形发生相互作用未显著影响内波传播前,不同地形上墩柱受力峰值的数值差异会随着内波波幅的增大而不断减小。

2. 对于单柱情况,墩柱离岸坡前坡角水平距离越近,内波在岸坡地形传播过程中波致流对墩柱施加的水平作用力越大。随着内波波幅的增大,墩柱受力也会增大;而当波幅相同时,墩柱受力会随着墩柱半径的增大而增大。

3. 对于串列双柱情况,柱间距(L/D)对上游柱 P_1 和下游柱 P_2 的受力影响显著。本研究定义临界间距 $Lc/D = 3.0$,区分了柱间强扰动与弱扰动状态。在强扰动区域（$L/D \leqslant Lc/D$），P_1 和 P_2 分别受到更大的顺波向作用力和逆波向作用力；在弱扰动区域（$L/D > Lc/D$），P_1 和 P_2 受力逐渐恢复到单柱受力状态，但受力峰值略小于单柱工况，且作用效果集中在柱体下部分。

4. 对于串列双柱情况，波幅相同时，随着岸坡地形几何高度的增大，双柱体所受到的无量纲水平作用力均会减小。岸坡的升高使内波在传播过程中与地形相互作用效果更加显著，使柱体下部分受到更大的作用力，地形高度对柱体受力特性的影响主要体现在柱体的下部分。此外，随着柱体直径的逐渐增大，串列双柱体所受到的无量纲水平作用力均会增大。这是因为柱体直径差异会造成漩涡扰动的差异，最终导致柱体在上、下水层的受力均产生差异。

参与本书编写工作的有：王寅（负责编写第三章、第五章、第六章、第七章，以及全书的构思及审阅工作），张雯雯（负责编写第一章、第四章、第八章、参考文献，以及书稿的整理及汇编工作），石莎（负责编写第二章，以及书稿的校订工作）。同时，本研究依托以下项目开展：国家自然科学基金青年科学基金项目（No. 52109090）以及江西省教育厅科学技术研究项目（No. GJJ190942），在此一并表示感谢。本书的版权归南昌工程学院所有。

鉴于作者的水平有限，本书中难免有不当之处，敬请广大读者提出宝贵意见，以便修改完善。

作　者

2024 年 9 月于南昌

目 录

CONTENTS

第一章　绪论

1.1　研究背景和研究意义

1.1.1　研究背景

随着 21 世纪以来全球经济、科技和社会的迅速发展,人类对能源的需求日益增长,尤其是对于陆地能源的消耗不断增加,这导致了环境污染问题的逐渐加重。而传统陆地资源,如煤炭和化石燃料等,尽管支撑了工业化的快速发展,但其不可再生的特性使得它们的消耗速度远超补充,同时这类资源对于社会经济发展来说仍然是一个不可或缺的部分,因而我们对资源的需求呈现出前所未有的增长态势。在这样供需失衡的现实背景下,我们不得不寻求新的能源来源,人类逐渐开始将目光转向了海洋、近岸、河口中蕴藏的丰富自然资源。

我国作为地球上的海洋资源大国,海域总面积约 473 万平方千米,绵长的海岸线隐藏着丰富的矿产资源,如石油、天然气、稀有金属以及潜在的深海能源。而我国的南海海域作为自然资源宝库,拥有着包括石油、天然气、海洋风能、波浪能和海洋热能在内的多种类型的海洋能源资源。据统计,南海海域地质储量超过 300 亿吨,其中探明的石油可采储量高达 152 亿吨,因此南海被誉为世界的"第二个波斯湾"。海洋能源如潮汐能、波浪能和温差能,是清洁且几乎无限的可再生资源。对于我国来说,海洋能源不仅有助于缓解人口增长带来的资源压力,防止环境质量的进一步恶化,还能通过发展海洋经济(如海洋工程、海洋旅游业、海洋生物技术等),创造新的经济增长点,促进经济结构的优化升级。所以,开发和利用这样清洁可再生的海洋资源是解决我国面临的人口增长、资源短缺、环境恶化的问题,促进经济可持续发展的重要途径之一[1]。

近年来,我国政府高度重视海洋油气资源的开发以及能源科技的发展,将其纳入国家发展战略的重要领域[2]。为了更好地利用这些宝贵的海洋资源,研究海洋动力学的特性变得尤为重要,它是解决海洋油气开发中众多技术难题的关键途径。通过对海洋动力学现象的深入探索,我们能够更加准确地了解海洋

环境对开发过程的影响,从而有助于提高开发的效率,同时减少对环境的潜在风险,确保海洋资源的可持续利用与环境保护的和谐统一。

在开发近海资源的过程中,自然因素对人类活动的影响不容忽视,而内波就是一种在近海、湖泊和河口中频繁发生的自然物理现象。此外,Ramp 表明当内波在海洋复杂地形条件中传播时所产生的流场变化是研究过程中的重要因素之一[3]。而内波发生浅化破碎过程后所产生的漩涡,则是由内波和黏性边界层共同作用的结果[4]。Williams 等学者经过一系列研究发现,内波传播过程中所产生的漩涡结构可以达到整个水体厚度的四分之一[5]。因此,在我国南海,由于其独特的地理位置和复杂的海洋条件[6],形成了一种极端的自然环境,如流速湍急、海底地形错综复杂,水体中还存在着显著的层化现象,这使得内波在这一区域广泛存在,并成为南海所特有的、严重的、频繁的海洋自然灾害[7]。

此外,内波在河口等流体系统中也是一种十分普遍的物理现象[8]。而内波的产生主要是因为水体密度沿水深方向的不均匀分布[9]。与表面波不同的是,内波主要发生在密度稳定分层的水体内部[10]。这是由于海洋、河口、湖泊等流体系统中,温度、盐度以及其他环境因素引起的密度沿水深方向上的改变,导致了水体密度的分层[11]。当水体因为温度、盐度等因素而形成这种稳定的分层结构时,一旦遭遇外界扰动,就很容易在上、下水层之间的分界面,也就是所谓的密度跃层处,激发起携带巨大能量的内波现象。而内波是一种特殊的非线性波,具有孤立性、短周期性、大振幅尺度、能量集中以及强非线性等特征[12],其形态和运动特性多变且复杂。通常内波是由强流经过海底复杂地形时产生的,而且在传播过程中,其波幅和波形几乎不会发生变化,这就对海洋中的结构物构成了振动和变形的威胁[13]。李家春院士的研究进一步揭示了内波环境中存在非常强烈的剪切效应,这种效应可能导致结构物发生疲劳破坏,同时产生的巨大水平作用力足以推移或扭转水下结构物[14]。进一步研究发现,内波不仅能引起等密度面的大振幅波动,使潜艇在水中大幅度上升或下沉,甚至可能失去控制,而且内波蕴含着巨大的能量,对海上石油钻井平台的结构安全造成了极大影响[15]。这样的情况在现实中也屡见不鲜,比如在安达曼海峡,石油钻井机就曾受到内波的影响,移动了 30 多米并发生剧烈的翻转[16];在陆丰外海,内波经过时,石油钻井机的油罐箱在短时间内竟然翻转了 110°,导致钻井机无法正常工作[17]。这些例子充分说明,内波对海洋结构物的影响是巨大的,它是海

洋工程结构设计中必须高度重视的一个环境因素。此外,在内波由深水向浅滩
沿着大陆架传播的过程中,当底坡的渐变使上下层厚度相等时,波形(极性)会
发生翻转,导致"极变"现象的发生,从而引发水动力特性的改变[18,19],如图1.1
所示。

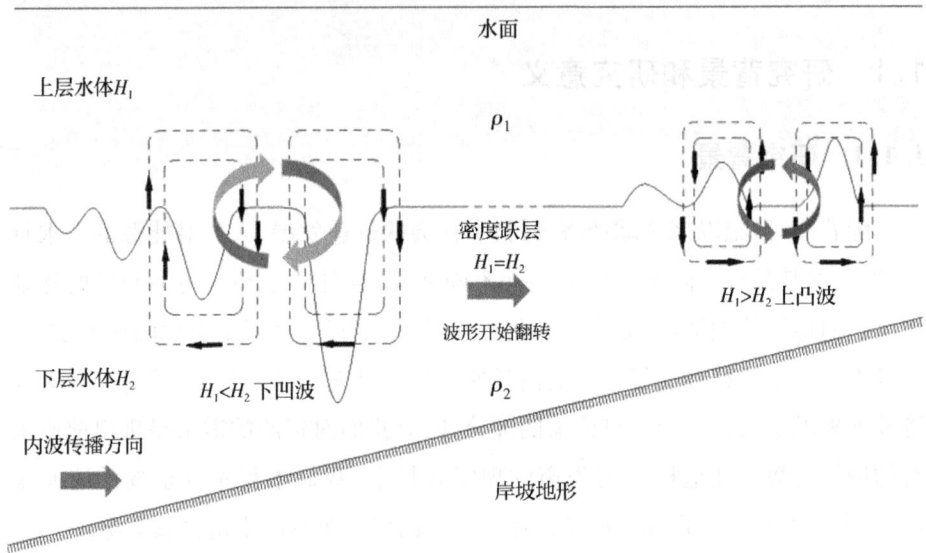

图1.1 岸坡地形导致"极变"效应示意图

由此可见,近海岸河口地区常见的岸坡地形,这种地形变化不仅影响内波
的传播路径和速度,还可能加剧内波的能量集中和释放,对内波传播的演化发
挥着重要的作用[20]。由此可见,海洋内波是一种具有灾害性的海洋环境因素,
对近海岸及河口复杂水动力环境中工程结构物的安全稳定性构成了严重
威胁[21-23]。

1.1.2 研究目的和意义

当前,内波对水下结构物的作用以及结构物内波动力学问题在工程应用中
具有极其重要的价值[21]。内孤立波在传播过程中以密度跃层为界,导致上下
水层呈反向流动,这种反向流动产生的剪切流携带着巨大的能量,从而引发异
常强大的流速。例如,在内孤立波 2 m/s 波致流作用下的柱体所承受的最大荷
载,其强度相当于波长 300 米、波高达到 18 米的表面波作用[24]。这种强烈的作
用力不仅对深海立管构成威胁,也对近岸、河口水下支撑墩柱的安全稳定性造

成严重的挑战[25]。在分层流环境下,速度场和压力场与密度均一流环境存在显著差异,内波作用下柱体受力的三维特性更加明显[9]。因此,准确且深入地剖析柱周流场以及柱表压强的分布状况,已然成为科学研究和精准预测近岸及河口地区墩柱受力情况的关键所在。

在当前海洋工程的广阔研究领域,针对内波所开展的研究,绝大多数都聚焦于平坡地形,这主要是由于平坡地形的研究模型相对而言较为简单,更便于进行理论层面的分析以及数值方面的模拟。然而,真实的海岸地形实际状况远远要比平坡地形复杂得多,海洋、河口近岸的地形通常呈现出岸坡地形的形态,这种独特的地形特点对于内波的传播特性产生着显著的影响[26]。

因此,针对岸坡地形上内波传播的研究显得尤为重要。当内波沿着大陆坡地形向岸传播时,底部岸坡地形会引起水体的水动力特性发生持续变化,特别是在波形经过水深临界点后,波形可能会由下凹转变为上凸,这种变化会引发界面更剧烈的剪切效应[27],进而增强水下墩柱或立管的荷载及涡激振动,可能导致结构因疲劳而逐步耗损[28]。此外,剪切不稳定还可能引发紊动掺混,加强局部紊动,使得密度跃层发生振荡[29]。这种剪切效应的发生与内波传播过程在平坡地形上传播的情况有较大差别,它会导致周围流场发生变化,进而引发更加强烈的剪切流,给结构物造成更大的作用力,从而对水下工程结构物的安全稳定产生更严重、更不明确的威胁。岸坡地形会显著改变内波传播过程中的水动力特性,使得水下结构物在近岸和深海的水平受力发生较大改变。近海岸地带已经成为经济发展的重要区域,旅游业、能源开发、海洋航运等产业的发展推动了近海岸地带的经济增长,与之相匹配的是基础设施、水下结构物的建设。墩柱作为水下工程结构物中常见的支撑结构,同时也是受侵害最为严重的部分。近海岸地带的地形多为岸坡地形,内波在传播过程中会产生更加强烈的剪切流与更强的水平作用力,墩柱的安全与稳定可能受到更加严重的威胁。目前,精细地模拟出内波环境下柱体的受力特性难度颇大,而结合地形的变化研究柱体受力规律的时空演变过程更具挑战。现有内波对墩柱受力研究多针对理想概化的平床地形开展,而近岸、河口区域连续不规则的岸坡地形无处不在[30,31],然而此类地形上墩柱内波受力的响应机制研究却鲜有所闻,因此获取内波在岸坡地形上传播时水动力的渐变特性、墩柱受力特性的预测尤为必要。

此外,在海洋工程结构设计中,普遍存在一个假设,即水下多圆柱结构的受力特征类似于单圆柱结构。这个假设在多个圆柱柱间距足够大的情况下是合理的,因为在这种情况下,每个圆柱可以视为独立受力。然而,Zdravkovich 的研究表明,在雷诺数相同的情况下,当水下圆柱以一定的圆心间距排列时,多柱结构所受的合力和周围流场与单个圆柱的情况存在显著差异[32]。Gopalan 和 Jaiman 通过数值研究进一步揭示了两个串列圆柱周围的流场特性,他们发现圆心间距对流场有重要影响,圆柱所受的阻力和升力在某个临界柱间距处会出现突变[33]。当两个圆柱的间距小于该临界柱间距时,圆柱之间的相互干扰会极大地影响周围的流场[34],导致流场结构、压力分布和受力出现不可预测的变化[35]。目前,关于串列双柱扰动效应的研究大多集中在密度均一流环境中,而在水体稳定层化的内波环境中,相关研究相对较少。在内波环境中,流体的动力学特性比密度均一流更为复杂,这是因为内波的传播涉及流体的密度跃层和剪切流等复杂现象。

鉴于现有研究成果的局限和不足之处,本书拟利用室内物模实验、三维精细数值内波模型相结合的方法,力求揭示内波在岸坡地形下剪切作用的渐变特性与岸坡地形下单柱与串列双柱的水动力特性变化,并探究串列双柱在不同地形、不同柱间距、不同岸坡高度、不同柱体直径等影响因子的流体环境下的扰动效应。本书相关研究成果不仅对近岸及河口区域水下墩柱结构的稳定安全及工程设计的优化具有重要意义,而且为海洋工程结构的设计规范修订和安全性评估也提供了重要的理论依据和实践指导。

1.2 国内外研究现状

支撑柱体是一类在近海及河口地区尤为常见的关键水利工程结构物,它不仅承担着维护海岸线稳定性的重要任务,还在保障海上工程安全方面发挥着不可或缺的作用。由于其独特的地理位置和使用环境,墩柱的设计和施工具有很高的技术含量和挑战性。目前,国内外学者的研究视角广泛,涉及的柱状结构物种类繁多,其中包括但不限于海洋立管、桩柱、墩柱以及圆柱体等。这些结构物在工程应用中各具特色,不仅满足了不同的工程需求,也为工程技术的进步和创新提供了丰富的素材。因此,本节将围绕这些学者对于柱状结构物的设计原理、施工技术以及工程应用等方面的研究,进行深入的分析和综合的总结,旨在为相关领域的研究和实践提供系统的理论支持和参考。而国内外学者就内孤立波对水下结构物作用研究的手段主要包括理论公式、物理实验以及数值模拟。

1.2.1 理论公式

当海底地形的尺度相对较小时,若遇到一些细微的起伏和小型的沟壑等,内波的传播会受到相对较小的地形影响,从而呈现出类似于平底传播的特征。而对于稳定传播的内波,其理论模型的研究成果已经相当丰富,这些研究成果涵盖了多个方面和不同的角度,能够有效地用来模拟各种类型的内波。Korteweg 和 Vries 建立了描述内波的偏微分方程(KdV 方程),对内波进行了比较完整的分析[35]。Benjamin 对该模型的适用性进行了改进,使得 KdV 方程能够适用于较浅的水域,尽管 KdV 方程在浅水条件下具有较好的适用性,但在大振幅内波的情况下,该方程的解与实际情况仍存在显著的差异[36]。因此,Funakoshi 和 Oikawa 提出了 eKdV 模型,它是一种改进的 KdV 模型,可以更好地描述大振幅内波的传播特性[37]。而 Michallet 和 Barthelemy 提出了 mKdV 模型,该模型是一种基于多孤立波解形式的扩展 KdV 方程,可以更好地描述复杂的非线性波浪现象[38]。根据以上理论,许多国内外专家学者开展了内波环境下对结构物的受力特性研究。Choi 和 Camassa 提出了一种基于双层流体系统的理论模型,但该模型仅限于描述中、小波幅内波,对大波幅内波描述精度较低[39]。之后,Choi 和 Camassa 基于"刚盖假定"提出了一种更加优化的全非线性 MCC 理论模型,能够较好地描述两层流体中的强非线性大振幅内波[40]。Madsen 和 Mei 基于浅水近似方程计算出分裂的反射和透射孤立波的解析结果,这些结果对于理解内波的传播过程及预测其在复杂海洋环境中的行为具有重要的实际意义[41]。魏岗等运用匹配渐近展开和格林函数的方法,研究了内波在台阶地形上的反射和透射行为,通过解决 KdV 方程的"初值"问题,采用散射反演理论获得了解析解。研究结果表明,当地形尺度相对较小时,内波的传播接近于平底传播,透射波的波幅受台阶高度、水深比和密度比的影响,反射波的波幅仅与台阶高度有关[42]。Kataoka 等人和 Stamp、Jacka 都对不同深度条件下的内波进行了研究,这些研究使得两层流体中内波的理论更加完善[43,44]。以上模型方程的推导和提出,大大推动了内波理论研究的发展,并使得在各种工况条件下,研究者们都能够采用对应的解析方法来处理内波问题。

同时,国内外许多专家学者陆续开展了内波对水下建筑物作用特性的相关研究。其中计算波浪力对桩柱作用力的理论公式多采用 Morison 公式。该公式首次由 J. R. Morison 等人于 1950 年提出[45],属于半经验半理论公式。当获取流场的速度和加速度的垂向分布后,便可代入 Morison 公式计算得到桩柱的形状阻力和惯性力的垂向分布。Morison 公式最初用于计算表面波对柱形结构的作用力,之后 Cai 等人首次将其拓展到分层流环境下圆柱体的受力计算之中[46]。Du 等和 Song 等同样采用 Morison 公式计算比较了内孤立波和表面波对细长柱体的作用力,前者得出波速为 2.1 m/s 的孤立波所致的最大合力与波长为 300 m、波高为 18 m 的表面波所致的最大合力大小几乎相等[24];后者得出内波所致作用力仅占了表面波作用力的 9%[47]。尤云祥采用理论公式计算的方法研究大直径桩柱的水动力特性,得到桩柱上不仅有表面波绕射力的作用,还存在内波绕射力的作用[48]。孙丽根据实测流速资料采用 Morison 公式初步计算与分析了海洋内孤立波对桩柱的作用力和力矩,研究表明第一模态内波对桩柱的上、下部分作用力相反,相比表面波,内孤立波对桩柱的作用力和力矩是不能忽视的[49]。林忠义等人基于 mKdV 理论,结合改进的 Morison 公式,发现内孤立波不仅会对顶部张紧式立管产生突发性的冲击载荷以及大幅度水平变形,而且还会使其横截面弯矩及其应力显著增大[50]。殷文明等采用理论研究和实验研究相结合的方法对两层流体中内孤立波对不同水深竖直圆柱体水平作用力进行了分析,结果表明上层流体中圆柱体所受内孤立波最大水平作用力明显大于下层流体中各段圆柱体[51]。谢华荣基于 KdV 方程和 Morison 公式,给出了内波对桩柱作用力的理论表达式,其中包括单位作用力、总作用力、剪力以及弯矩,得出作用力极值与波动振幅、非线性波速和水平特征宽度的关系[52]。Cai 等采用 Morison 经验公式,研究剪切流环境下内波对圆柱施加的力和力矩的特性[53]。Beji 研究了 Morison 方程用于计算波浪作用于具有变化截面和截断形式的圆形圆柱体上的力和力矩[54]。

1.2.2 物理实验

进行海洋科学研究时,在不同水域内进行实时监测并捕捉内波活动对人力、物力的要求极高,这种实地观测往往需要投入大量的资金。尽管内波在海洋、河口、近岸等自然环境中广泛存在,成为海洋动力学研究中的一个重要课题,但由于即便在条件允许的情况下,内波的发生也具有很大的偶然性和不可预见性,其发生过程复杂且难以直接观测,导致对内波的研究一直面临着诸多挑战。因此,利用物理实验研究内孤立波的方法逐渐兴起[55,56],这种方法可以在受控环境下模拟内波的形成和传播过程,从而降低观测成本,提高研究效率。通过实验室的精确控制,研究者可以更加系统地分析内波的特性,为实际海洋观测提供理论依据和技术支持。因此,国内外的科研工作者们纷纷转向物理实验这一研究手段,通过构建大型水槽模拟真实的海洋环境,在水槽内部精确控制不同密度的水体分层,以此为基础对内波的形成机制、传播路径以及随时间演变的规律进行系统性的探究。在这种模拟环境中,研究者们能够重现内波的产生过程,即通过利用分层流体中密度差异所引起的重力不稳定性触发重力塌陷现象,从而实现内波的形成。这种方法不仅能够直观地展示内波的形成过程,还能为理解内波在海洋环境中的实际影响提供关键的实验依据。

Timothy 等学者建立了一个水槽进行实验,水槽的右侧是内波制造区,可以通过移开不同密度且不同高度的两层水体间的挡板来使得挡板后方的高密度水体发生重力塌陷,从而产生内波[27]。Chen 等人调整了分层流体的工况,从而得到了不同形状及波幅的内波[57]。Chen 在现有研究的基础上进行了实验研究,探究了内波变形导致的流体混合,并提出了混合现象的存在[58]。Kodaira 等人在实验室水槽中进行实验,验证了先前学者研究中提出的内波理论,比较了MCC-FS 和 MCC-RL 两个模型,并对重力塌陷造波时伴生的表面波对制造出的内波影响进行了研究[59]。根据对于真实海洋内波的数据观测,其在传播过程中会发生一系列变形演化,尤其是在经过地形时变化程度剧烈。因此,在研究内波传播演化的过程中,地形应该成为十分重要的影响因素之一。屈子云等模拟出近岸地形,得到了内波在通过阶梯状地形时的变形演化特征[60]。黄鹏起等对缓坡地形上传播的内波进行观测,内波在传播过程中发生破碎变形,使得产生内波的分层流体进行混合[61]。杜辉等以南海海底地形作为背景,研究了当内波在缓坡上传播直至变形最后破碎的过程[62]。Helfrich 进行了一系列的物理实验,探究内波在斜坡上的传播直到浅化破碎的过程。实验结果表明,内波在斜坡上破碎时,上、下水层会进行明显的垂向混合,并且在混合过程中会消耗其 10% ~ 20% 的能量[63]。Wessels 和 Hutter 研究了内波在三角地形上的传播过程,分析了波幅和能量的变化,以及地形对透射和反射的影响,探究了其受地形阻塞的程度[64]。这些研究为深入了解内波在复杂地形中的传播机制提供了重要的实验依据和理论支持。Chen 等人在物理水槽中进行了槽底坡度的改变对内孤立波传播特性及能量耗散的影响,研究表明底坡会加速内孤立波的能量耗散并改变内孤立波在传播过程中的水动力特性[65]。李占采用实验室实验的方法研究了水平桩柱与内波的相互作用、内波波要素与波阻之间的关系,结果表明当内波的频率不变时,水平桩柱所受到的阻力会随着内波的振幅增加而增加,且它的量值与分层有关[66]。黄文昊等人使用物理实验研究方法,基于两层流体中内孤立波的 KdV、eKdV 和 MCC 理论,建立了圆柱型结构内孤立波载荷的理论预报模型,给出了该载荷理论预报模型中 3 类内孤立波理论的适用性条件[67]。Cheng 等人使用物理实验研究斜坡架上内波的演化,得到了内波过地形时振幅与能量的变化[68]。Forgia 等人借助分层流实验水槽,研究了内孤立波在岸坡上的传播及破碎,结果表明,改变底坡所致的各类浅水作用会使波形发生不同程度的变化,最终导致内孤立波不同的破碎形态[69]。

在内波对于柱体的受力特性研究方面,Arntsen 在分层流体中通过拖曳水平圆柱体激发了内波的产生,得到了柱体阻力系数和升力系数与弗劳德数的对应关系[70]。王新超同样借助物模实验,研究得到内波的作用除了与结构物所处位置有关,还与结构物自身尺寸和波幅密切相关,并确定了柱体上最大及最小的水平力作用位置[71]。陈旭在分层流内波实验水槽中,研究了内波对水平柱体和垂直柱体的作用规律,得到了不同放置方式的柱体整体受力的历时曲线以及作用力随波幅的变化规律[72]。Wei 等人在实验室水槽中研发了一种新型的内波造波机以及水动力量测设备,得到了内孤立波对水下结构物的作用规律[73]。邹丽等人采用 PIV 技术捕获了内孤立波诱导流场的整体特征,获取了水下细长结构物与内孤立波相互作用时的流场变化[74]。近年来,科研领域对内孤立波在岸坡地形上的水动力特性进行了广泛而深入的实验研究,这些研究极大地增进了我们对内孤立波在复杂地形中传播和演变规律的理解。然而,尽管这些研究成果丰富,关于内孤立波如何影响岸坡上的水下结构物的物理模型实验却相对缺乏。

1.2.3　数值模拟

随着计算机技术与计算流体动力学(CFD)的快速发展,利用数值方法来深入研究内孤立波对于水下结构所产生的作用规律,已经得到了愈发广泛的应用,逐渐成为研究内波问题至关重要的手段之一。国内外众多学者也纷纷运用数值研究方法,成功获取了众多与内波相关问题的丰硕研究成果。与此同时,数值水槽模拟方法也在持续地完善与优化,能够极为高效地模拟内波在各式各样的地形以及不同流场条件下的传播情况和相互作用过程,从而为相关的理论研究以及实际的工程应用提供强有力的有效支持。这些数值方法涵盖了有限差分法、有限元方法、边界元方法、网格黏性方法等等。其中有限差分法以其离散化简单、易于实现的优势,被广泛应用于内波问题的数值模拟中;有限元方法则以其强大的几何适应性和高精度特性,成为复杂流场和结构相互作用问题的理想选择;边界元方法则通过减少计算维度,显著降低了数值求解的复杂性和计算成本;而网格黏性方法则在模拟黏性流体流动时展现出独特优势,能够准确捕捉内孤立波与水下结构间的相互作用细节。借助这些数值方法,研究者们能够以更加精细入微的方式去模拟和分析内波在不同地形条件下的传播进程,并进一步深入探究其物理特性以及动力学机制。CFD 方法和数值水槽技术的迅猛且快速的发展,使得研究者们能够以更高的精度去模拟和研究内波的生成、传播以及相互作用的整个过程,为更加深入透彻地理解内波问题提供了崭新的手段和途径。

Cai 等学者采用一种将内潮流产生模型和正则化长波传播模型复合的二维数值模型,模拟了海峡内波的生成与传播过程,并研究了内潮振幅对内波生成的影响[75]。杨锦凌和孙大鹏利用 CFD 软件 Fluent 的二次开发功能,建立了一套内波数值水槽模拟平台,成功地模拟了内波的行为并得到了理论预测的验证[76]。李效民等研究比较了几种不同的数值造波方法,发现基于动网格技术的推板造波法精度不高,而速度入口造波法简单易行且与理论吻合度较好[30]。VOF 法和直接数值离散求解 Navier-Stokes 方程的方法是用于数值模拟流体动力学问题的方法。在万德成的研究中,使用了这两种方法来模拟内波在后台阶地形上的传播演化问题。通过模拟,他发现孤立波会发生分化,即波前部分会向前传播,而波后部分会被反射回来,形成一种新的波形[77]。Cheng 等人通过采用 CFD 数值模拟方法研究了内波在可渗透多孔梯形地形上的流场和波形反演问题。数值模拟结果显示,地形孔隙度的增大会导致波形反演效果减弱,同时涡量和湍流能量也会显著降低,这表明地形孔隙度对内波传播演化过程中的流场和波形反演都有一定的影响[78]。

而对内波环境下墩柱的受力研究集中在两个区域:一是关注墩柱本身受力特性的研究;二是影响墩柱受力的因素探究。在内波对柱体受力特性研究中,宋志军等人基于 KdV 方程建立了分层流环境下 Spar 平台运动响应的时域数值模型,并计算得到内孤立波作用下 Spar 平台水平及竖直方向的受力规律[79]。刘碧涛等人[80]、Xu 等人[81]和 Si 等人[82]结合环境因素,分别采用改进了的 mKdV 模型、eKdV 模型以及 GKdV 模型,考虑了不同背景流条件下内孤立波对水下细长结构物的作用机制,探讨了柱体上最大剪切力和力矩的作用位置,拓展了 KdV 方程的适用性。Lu 等人采用一个重力波模型模拟了内孤立波的产生和传播,借助数值模拟方法研究了内孤立波与背景流共同作用下石油平台支撑墩柱的受力规律[83]。王旭等对直立圆柱体内孤立波水平力、垂向力和力矩幅值及其时历变化特性进行模拟,得到水平力主要成分为波浪压差力和黏性压差力,直立圆柱体内孤立波水平力必须考虑流体的黏性效应[84]。王玲玲等分别采用物理实验和数值模拟研究了内波环境下方柱和圆柱受力特征对比[9,85]。王寅等对比了内波作用力下圆柱与方柱受力特征的差异,研究表明相同波幅的情况下,上、下层水体中方柱表面的压力分布更不均匀,前后面压差更大,受到比圆柱更大的水平作用力[86]。在内波环境中影响墩柱受力因素的研究中,姜海等利用数值模拟与公式计算相结合的方法进行顶张力立管的动力响应研究,结果表明内孤立波对顶张力立管产生强剪切作用,立管上层流体部分的应力明显大于下层流体部分的应力,同时内波密度与振幅对顶张力立管的动力响应存在不同程度的影响[87]。崔胜男等人研究得到内孤立波横向作用力(力矩)幅值与圆柱直径呈线性相关关系,但与水深比相关关系不明显[88]。杜兵毅研究了内孤立波过地形演化规律的特征,发现随着波幅的增大,内波与地形相互作用会在斜坡处形成涡旋[89]。孙志伟对内孤立波在斜坡地形上传播进行数值分析,得到内孤立波在斜坡上传播过程中,前半波形逐渐变缓而后半波形逐渐变陡,上层流体水平速度减小,下层流体水平流速增加[90]。Ding 等人研究了串列双圆柱周围的流场特性,建立了串联两个圆柱受力变化范围比率的公式[91]。一旦获得单个圆柱的极限受力值,就可以在相同的模拟条件下计算每个串联圆柱的受力变化范围。Wang 等人研究了当柱的间距小于临界柱间距,柱间的漩涡扰动会极大地影响柱周流场,导致流场结构、压力分布和受力出现不可预测的变化[92]。Wang 等人数值研究了串列双柱柱间距对漩涡扰动强度的影响机制,揭示了上游柱和下游柱体的力学响应特性[93]。

而在内波沿岸坡传播至浅滩的过程中,波形的持续变化对水动力特性产生持续影响,引发剪切不稳定性,进而可能导致紊动的混合[27],加剧密度跃层的剪切作用[29]。当岸坡地形导致上、下水层厚度相等时,波形的极性甚至会发生翻转,从下凹波转变为上凸波[11],触发所谓的"极变"效应[19],进而引起波致流场的流向和漩涡反转。因此,地形变化对内波的传播和演变影响显著,极大改变内波在传播过程中的水动力特性。Talipova 等人通过建立二维数值模型,研究了数值水槽底坡对内孤立波波形的影响,研究结果表明,岸坡地形会促使内孤立波发生波形的"极变"现象,即,从"下凹型"转变成"上凸型",且波幅越大"极变"现象发生得越快[94]。

综上所述,现阶段关于海洋内波的研究方法主要分为物理实验和数值模拟。物理实验方法在不同水域内进行实时监测和捕捉内波活动,对人力、物力要求颇高,对内波进行实地观测更是耗资巨大。即便在条件允许的情况下,由于内波发生的偶然性以及不可预见性,观测点的选择也是研究的一道难题。相比之下,应用数值模拟方法只需要计算机资源,成本相对较低且可以通过调整参数来精确控制内波的形成和演化过程,可以在相同的计算环境下进行多次模拟,得到更加稳定和可重复的结果。并且数值模拟可以轻松地改变模型中的参数,以研究不同条件下内波的传播过程,而在物理实验中改变参数可能需要重新调整实验设备,成本和时间较高。因此,采用数值模拟方法研究内波对水下结构物的作用机制是未来设计近海及河口工程的重要发展趋势。但目前已有成果绝大多数研究仅围绕两大方向开展——柱体在平床上的受力机制;内孤立波在岸坡地形上传播时的水动力演变特征。如何将两者有机结合起来,探索在岸坡地形上柱体的受力特性是本书研究的核心问题。同时,总结近些年海洋内波的研究我们不难发现,绝大多数研究都聚焦于在平坡地形环境中内波对单柱的作用特性,鲜有关于岸坡地形上的内波对串列柱体的受力特性的研究。目前关于内波对柱体的受力特征研究还存在着研究对象单一、无法对岸坡地形进行研究并且总结规律等问题,因此岸坡地形上内波环境中串列双柱体的受力特性问题引起了更大的关注。而承力柱体作为水下工程结构物中常见的组成结构,也是受侵害最为严重的部分。近海岸带地形多为岸坡地形,内波在传播过程中会产生更加强烈的剪切流,产生更强的水平作用力,使柱体受到更加严重的威胁,所以获取内波在岸坡地形上传播特性、柱体受力特性的预测十分重要。

1.3　主要研究工作

1.3.1　研究内容

本书主要对岸坡地形条件下,内波对单柱和串列双柱结构受力特性的影响进行了深入探讨。首先运用数值模拟的方法,构建了一个三维波浪水槽模型,并采用大涡模拟(LES)技术,详细分析了内波的形成及其传播机制,从单柱在变化地形中的受力情况出发,进行了模拟分析。随后,研究进一步扩展到串列双柱结构,并对地形进行了相应调整,以探究不同地形和结构配置下的受力差异。最终,通过对比分析,揭示了单柱与串列双柱在不同影响因素作用下的受力特性变化,为相关工程设计提供了重要的理论依据。本研究的具体内容如下:

(1)构建高精度三维平坡、岸坡地形模型

本书通过大涡模拟(LES)的方法建立高精度三维数值水槽模型,设置了变地形下的一种普适性多类数学模型,并对柱体数量、各种地形、串列双柱柱间距、岸坡高度、柱体直径模型进行调整,将数值模拟结果与室内物理实验结果进行多工况对比,最终得出了不同工况下的结果分析。

(2)探究不同地形上内波环境中单圆柱体的力学响应问题

①研究内波在不同地形下传播的动力学特性的变化。

②研究水平作用力在垂直方向上的分布特性。

③研究柱周流场分布与不同水深墩柱表面的压强分布特征。

④分析内波在岸坡地形上传播的时空演变规律,揭示柱体受力特征的机理。

⑤对比不同地形上柱体的受力特征,探索地形对柱体受力特性的影响。

(3)对比分析岸坡地形上内波对单柱与串列柱体的作用特性

①对比岸坡地形上单柱与串列双柱受力分布及变化趋势。

②对比单柱与串列双柱水平作用力垂向分布特性。

③对比单柱与串列双柱柱体周围压强分布特征。

④对比单柱与串列双柱上、下水层涡量分布情况。

⑤对比分析单柱和串列双柱受力特征差异,总结受力规律。

(4)岸坡地形上单柱受力特性影响因子敏感性分析

①对常见地形及柱体的影响因子进行模型概化。

②对比不同影响因子工况下柱体的受力特性。

(5)岸坡地形上串列双柱受力特性影响因子敏感性分析

①对常见地形及柱体的影响因子进行模型概化。

②对比不同影响因子工况下柱体的受力特性。

③总结不同影响因子工况下柱体受力的受力特性,对水下结构物的设计及安全问题提供理论支撑。

1.3.2 研究目标

(1)本书通过建立三维波浪水槽模型,探究不同地形上单柱及串列双柱的受力特征,通过调整柱体数量、内波波幅、不同地形、串列双柱柱间距、岸坡高度、柱体直径,将其转化为可适用于不同工况的三维数值水槽通用模型。

(2)模拟不同地形下内波的传播、演化特征,进而对单柱及串列双柱受力特性及变化趋势进行分析,总结出不同地形工况下柱体受力特征规律。

(3)对常见地形及柱体的影响因子进行模型概化,研究不同影响因子对串列双柱受力影响规律,进一步探索复杂水动力环境中柱体受力特征,为海洋结构工程设计提供参考。

1.3.3 技术路线

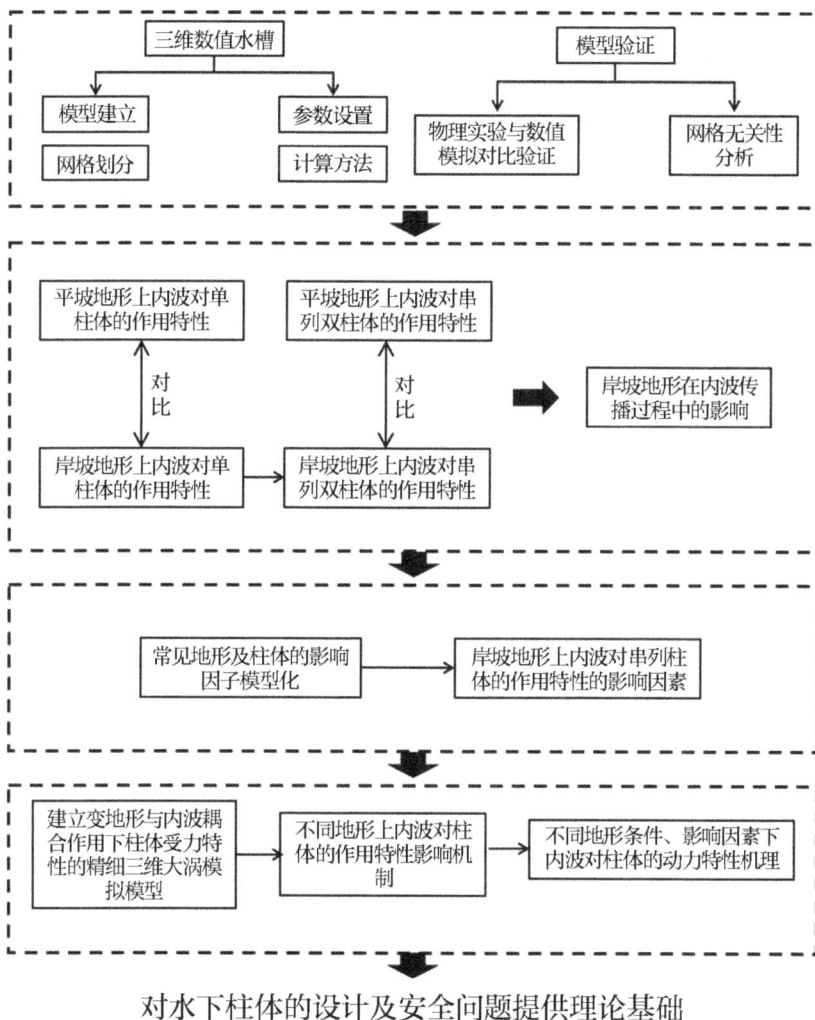

```
┌─────────────────────────────────────────────────────────────────┐
│          三维数值水槽                    模型验证                  │
│      模型建立      参数设置      物理实验与数值      网格无关性     │
│      网格划分      计算方法      模拟对比验证        分析          │
└─────────────────────────────────────────────────────────────────┘
```

```
┌─────────────────────────────────────────────────────────────────┐
│  平坡地形上内波对单    平坡地形上内波对串                          │
│  柱体的作用特性        列双柱体的作用特性        岸坡地形在内波传   │
│         对比                 对比                播过程中的影响    │
│  岸坡地形上内波对单    岸坡地形上内波对串                          │
│  柱体的作用特性        列双柱体的作用特性                          │
└─────────────────────────────────────────────────────────────────┘
```

```
┌─────────────────────────────────────────────────────────────────┐
│  常见地形及柱体的影响        岸坡地形上内波对串列柱               │
│  因子模型化                  体的作用特性的影响因素               │
└─────────────────────────────────────────────────────────────────┘
```

```
┌─────────────────────────────────────────────────────────────────┐
│  建立变地形与内波耦      不同地形上内波对柱    不同地形条件、影响因素下 │
│  合作用下柱体受力特      体的作用特性影响机    内波对柱体的动力特性机理 │
│  性的精细三维大涡模      制                                       │
│  拟模型                                                          │
└─────────────────────────────────────────────────────────────────┘
```

对水下柱体的设计及安全问题提供理论基础

第二章 数值模拟及内波造波方法

2.1 KdV 理论方程

Korteweg-de Vries（KdV）方程作为一种非线性偏微分方程，自1895年由 D. J. Korteweg 和 G. de Vries 提出以来，便在物理学和数学领域中占据了重要地位。最初，这一方程被设计来精确描述运河中水位的动态变化，但其应用范围远不止于此。随着研究的深入，科学家们发现 KdV 方程同样适用于描述海洋中的内波、等离子体中的波动现象，甚至是非线性光学领域中的脉冲传播。由于其独特的非线性特性，KdV 方程不仅为研究者提供了一个研究非线性波动现象的基础，还促进了数学解析方法和数值模拟技术的发展。

KdV 方程的标准形式如下：

$$\frac{\partial \eta}{\partial t} + (c_0 + c_1 \eta)\frac{\partial \eta}{\partial x} + c_2 \frac{\partial^3 \eta}{\partial t} = 0 \qquad (2-1)$$

其中，c_0 表示线性项系数，即线性波速，c_1 为一阶非线性项系数，c_2 为色散项的系数，可分别表示为：

$$c_0 = \sqrt{\frac{g(\rho_2 - \rho_1)h_1 h_2}{\rho_1 h_2 + \rho_2 h_1}} \qquad (2-2)$$

$$c_1 = \frac{3c_0}{2} \cdot \frac{\rho_2 h_1^2 - \rho_1 h_2^2}{h_1 h_2 (\rho_2 h_1^2 + \rho_1 h_2^2)} \qquad (2-3)$$

$$c_2 = \frac{c_0}{6} \cdot \frac{h_1 h_2 (\rho_1 h_1 + \rho_2 h_2)}{\rho_2 h_1 + \rho_1 h_2} \qquad (2-4)$$

η_0 为内波的振幅，$h_1 < h_2$ 时，$\eta_0 < 0$，此时为下凹型内波；$h_1 > h_2$ 时，$\eta_0 > 0$，此时为上凸型内波。c_{KdV} 为使用 KdV 理论计算得到的内波波相速度，在传播过程中保持恒定不变；λ_{KdV} 表示内波的特征半倍波长，整个波形包含于 $4\lambda_{KdV}$ 的长度范围内。c_{KdV} 和 λ_{KdV} 分别表示为：

$$\lambda_{KdV} = \sqrt{\frac{12c_2}{c_1 \eta_0}} \qquad (2-5)$$

$$c_{\text{KdV}} = c_0 + \frac{c_1}{3}\eta_0 \qquad\qquad (2-6)$$

2.2　控制方程

2.2.1　动量运输方程

基于连续性假设这一前提条件,我们运用 Navier-Stokes 方程来实现对于不可压缩黏性流体三维瞬态运动过程的描述:

$$\frac{\partial \rho}{\partial t} + \frac{\partial(\rho u_i)}{\partial x_i} = 0 \quad (i = 1,2,3\cdots,n) \qquad (2-7)$$

$$\frac{\partial(\rho u_i)}{\partial t} + \frac{\partial(\rho u_i u_j)}{\partial x_i} = -\frac{\partial p}{\partial x_i} + \frac{\partial}{\partial(x_j)}\left(\mu\,\frac{\partial u_i}{\partial u_j}\right) + f_i \quad (i,j = 1,2,3\cdots,n)$$

$$(2-8)$$

式中:ρ 为密度项;t 为时间;x_i、x_j 为笛卡尔坐标系的 2 个方向坐标;u_i、u_j 为笛卡尔坐标系中的 2 个流速分量;p 为压力项;μ 为动力黏性系数;f_i 为在 i 方向上的单位体积力。

2.2.2　标量运输方程

在考虑密度分层的流体系统时,这种分层往往是由标量(如温度或浓度)的输运所引起的,这种输运过程会对流体的密度分布产生显著影响。在这种情况下,标量运输方程就成为我们分析流体行为的关键工具,因为它不仅描述了标量在流体中的传播和变化,还涉及两层水体之间的质量交换作用。

$$\frac{\partial C}{\partial t} + \frac{\partial(u_i C)}{\partial x_j} = \frac{\partial}{\partial x_j}\left(k\,\frac{\partial C}{\partial x_j}\right) + S \qquad (2-9)$$

$$\rho = C + \rho_0 \qquad\qquad (2-10)$$

式中:C 为盐度,单位为 kg/m³;k 为分子扩散系数;S 为源项;ρ_0 为清水密度,单位为 kg/m³。

2.3　大涡模拟(LES)方程

大涡模拟(LES)方程是描述大尺度湍流流场时间与空间变化规律的关键工具。在湍流流体动力学的研究中,流场的复杂性被巧妙地分解为大尺度涡旋与小尺度涡旋两个部分。大尺度涡旋模拟方程的构建旨在精确解析那些主导流场动力学特征的大涡旋运动规律,通过模拟这些大涡的演化过程,科学家能够深入理解并捕捉到流场中的主要动力学特征。与此形成鲜明对比的是,小尺度涡旋由于其极小的尺度、数量众多以及相互作用的复杂性,直接解析求解往往面临着巨大的挑战,计算成本极高。因此,对于小尺度涡旋的效应,研究者通常采用参数化模型来表示。这些模型基于统计物理原理和丰富的实验数据,对小尺度涡旋的平均效应进行估算,以补充大尺度模拟的不足,从而在整体上更准确地预测和理解湍流流场的行为。

$$\frac{\partial \overline{u_j}}{\partial x_{ij}} = 0 \tag{2-11}$$

$$\frac{\partial \overline{u_i}}{\partial t} + \frac{\partial (\overline{u_i u_j})}{\partial x_i} = -\frac{1}{\rho_0}\frac{\partial \overline{p}}{\partial x_i} + \frac{\partial}{\partial x_j}\left(v\frac{\partial \overline{u_i}}{\partial x_j}\right) + \frac{\partial \tau_{ij}^{sgs}}{\partial x_j} + f_i \tag{2-12}$$

$$\frac{\partial \overline{C}}{\partial t} + \overline{u_i}\frac{\partial \overline{C}}{\partial x_j} = k\frac{\partial 2\overline{C}}{\partial x_j \partial x_j} + \frac{\partial \chi_j}{\partial x_j} \tag{2-13}$$

式中:上划线表示过滤函数;亚网格剪切应力张量$\tau_{ij} = \overline{u_i u_j} - \overline{u_i}\,\overline{u_j}$;亚网格标量通量$\chi_j = \overline{C}\,\overline{u_j} - \overline{Cu_j}$。

作为过滤尺度和变形率张量的函数,紊动涡黏系数v_t的表达式为:

$$v_t = (C_S\Delta)^2 (2\overline{S_{ij}S_{ij}})^{\frac{1}{2}} \tag{2-14}$$

式中:v_t表示t时刻的涡黏系数;$\overline{S}_{ij}$为变形率张量;C_S为Smagorinsky参数;Δ为过滤尺度。

$$\overline{S}_{ij} = \frac{1}{2}\left(\frac{\partial^2 \overline{u}_i}{\partial x_j} + \frac{\partial^2 \overline{u}_j}{\partial x_j}\right) \tag{2-15}$$

通常来说,在不同的水流条件下,模型参数C_S会随着时间和空间的变化而变化,甚至还可能出现负值,因此,本模型采用Germano的动态处理法确定C_S[95]。

2.4　内波造波方法

内波的数值模拟造波法通常分为两类——仿物理造波法和纯数值造波法。其中仿物理造波法包括平板拍击法[96]、双推板法[97]、重力塌陷法[98]等,纯数值造波法包括速度入口法[99]和质量源数值法[100]。

平板拍击法是一种在实验室环境中制造内波的重要方法,它广泛应用于水槽试验中,为研究人员提供了产生具有特定频率、振幅和波形的波浪的可能。通过电动机、液压系统或气动装置等不同机制对平板进行振动,平板会在水面上施加周期性的力,从而产生波浪。这些波浪会随着平板的振动向水槽的另一侧传播,其频率、振幅和波形可以通过调整振动的频率、振幅和时序来进行精确控制。双推板法则是通过控制两块推板的前后运动,在水槽中形成周期性的运动,进而产生内波,这种方法可以模拟不同频率和振幅的内波,以及它们在水槽中的传播和相互作用。重力塌陷法巧妙地利用了流体力学中的压强差原理,其具体操作是通过在水槽中设置两层不同高度的水体,从而在这两层水体之间形成一个明显的压力差。这个压力差是由于上层水体较轻,下层水体较重,导致上下层水体之间产生一个潜在的压强梯度。当这个压力差达到一定程度时,两侧水体由于压力的不平衡,会发生流动,这种流动会在水体的交界面上形成内波。正是这种利用两层水体高度差来制造压差的方法,诱发并产生了内波,使得研究人员可以在控制条件下观察和研究内波的形成、传播及其与周围环境的相互作用。速度入口法在数值模拟软件中设定速度入口的位置和流速,可以在数值水槽中引入一定的流动,从而产生内波。这种方法可以根据需求灵活地调整入口流速和位置,模拟不同条件下的内波传播。而质量源数值法则通过在水槽中某一位置引入质量源,模拟在该位置上突然施加质量造成的扰动,从而产生内波。通过调整质量源的位置、大小和持续时间,可以模拟不同条件下的内波。

相较于其他几种造波方法,重力塌陷法在制造内波方面展现出其独特的优势。它不仅操作简便,易于实现,而且能够提供较高的可控性,使得研究者能够精准地调整和控制内波的波幅和波长等关键参数。这种精确性对于深入理解内波的基本特性和其在海洋、大气等自然系统中的复杂相互作用过程至关重要。因此,在我们的研究中,选择了重力塌陷法作为制造内波的主要手段。通过这种方法,我们能够创造可控的内波环境,为后续的实验研究提供精确的内波模型,从而为海洋物理学、海洋工程、大气科学等领域的研究提供重要的实验数据和理论依据,推动相关科学问题的深入探讨和解决。

2.5　本章小结

本章深入探讨了数值模拟的理论基础,特别是研究内波在水体中传播的机制时需遵循的 KdV 理论方程,这一方程能够有效地描述内波的传播特性。同时,内波的传播过程还需满足动量输运方程与标量输运方程,这些方程共同构成了内波传播的数学模型,提供了理论上的分析框架。为了在数值上实现这一复杂过程的高精度模拟,我们采用了大涡模拟方法(LES),这种方法能够捕捉到内波从产生到传播的整个动态过程,从而更好地研究内波的动力学行为。

同时,在当前国内外的研究中,我们综合对比分析了多种造波方法,包括仿物理造波法和纯数值造波法。通过对这些方法的优缺点进行细致的比较,我们最终选择了重力塌陷法来制造内波。这种方法不仅易于实现,而且在控制内波的波幅和波长等关键要素方面表现出较高的精确性,这对于精确模拟内波的特性至关重要。

第三章 内波数值水槽建立及验证

3.1 数学模型建立与网格划分

3.1.1 单柱模型建立与网格划分

本研究的单柱模型建立如下：

单柱数值水槽尺寸为长 4.0 m、宽 0.3 m、高 0.3 m，如图 3.1 所示。直径 D = 0.05 m 的柱体放置在水槽横向中心。坐标原点设置在左下前点，柱体底部中心位于 $(x, y, z) = (2.0, 0, 0.15)$ m 处。基于重力塌陷法制造内波[101]，将水槽沿 X 方向分成造波区($x = 0 \sim 0.23$ m)和传播区($x = 0.23 \sim 4$ m)两部分，阶梯高度 h_o 为这两个区域的密度跃层高度差。计算初始阶段将槽中水体配置为上层清水及下层盐水、密度分别为 $\rho_1 = 0.998$ g/cm^3 和 $\rho_2 = 1.017$ g/cm^3 的两层流体系统。上层水体厚度 $h_1 = 0.075$ m、下层水体厚度 $h_2 = 0.225$ m，总水深 $H = 0.3$ m。

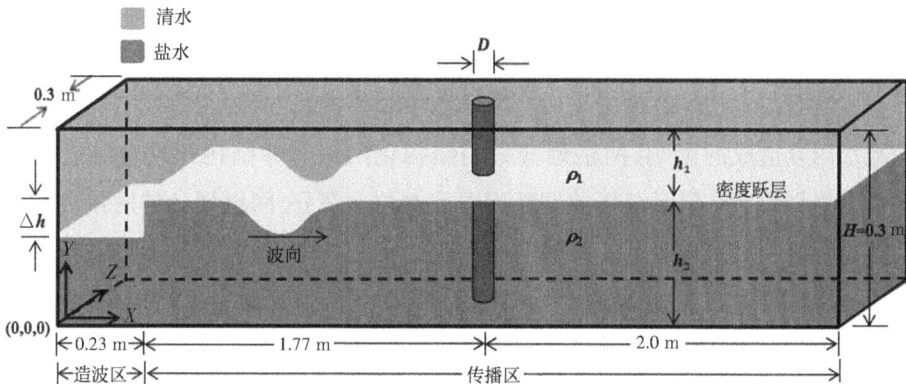

图 3.1 单柱模型及内波造波方法示意图

定义柱体在内波环境下所受到的无量纲水平合力的计算公式为

$$C_{Fn} = \frac{F_n}{\rho g A H} \qquad (3-1)$$

式中为数值模拟计算所得的柱体水平合力(N);g 为重力加速度(cm/s²);A 为柱体的迎风面积(cm²);H 为水槽总水深(cm)。

本研究在模拟下凹型内波的传播过程中,采用了大涡模拟(LES)技术以捕捉流体的复杂流动特征[102]。为了实现控制方程的数值解,我们采用了有限体积法进行离散化处理,这种方法能够有效地将连续的控制方程转化为离散的形式。在处理流速和压力项的耦合问题时,我们应用了 SIMPLE 算法,这一算法不仅保证了质量守恒,而且能够准确地计算出压力场[103]。在离散化扩散项时,我们选择了二阶中心差分格式,这种格式在处理扩散问题时具有较高的精度;而对于对流项,则采用了二阶上风格式离散,以捕捉流体流动中的快速变化。在时间离散方面,我们采用了二阶隐式格式,这种格式不仅提高了时间步长的选择范围,还增强了整个模拟的稳定性。为了模拟边界条件,我们在造波区的左端边界、水槽的侧壁和底部以及柱体表面都设置了无滑移固壁边界,这样的边界条件能够模拟流体与固体表面之间的相互作用,确保模拟的准确性。为了避免内波在传播过程中发生反射,我们在水槽的右端采用了 Sommerfeld 辐射型边界[104],这种边界条件能够有效地将波动能量向外辐射,减少反射对模拟结果的影响。在水槽顶部,我们采用了"刚盖假定",这是为了忽略表面波的影响[105],从而简化模拟过程。考虑到水面波相较于内孤立波而言非常小[106,107],这种假定在处理水面问题时是可行的[108,109],并且有助于提高计算效率。通过这些综合的考虑和精确的设置,本研究的模拟能够更真实地反映下凹型内波的传播特性。

三维数值水槽计算区域采用有限体积法离散控制方程,构建模型需要考虑变地形因素造成的影响,网格划分采用结构化网格与非结构化网格结合的方式。网格划分是有限元分析前期处理中重要的一部分,网格划分的质量决定了数值模拟结果的准确性。

三维数值水槽 $X = 0 \sim 1.85$ m、$2.15 \sim 4$ m 区域划分网格为结构化网格,其中,$X = 0 \sim 1.85$ m 区域单元尺寸定义为 0.005 m,$X = 2.15 \sim 4$ m 设置为数值消波区,设定分区数量为 40,偏置增长率为 1.2,偏置选项为平滑过渡。墩柱所在区域 $X = 1.85 \sim 2.15$ m 划分网格为非结构化网格,采用 Multizone 方法,见图 3.2。

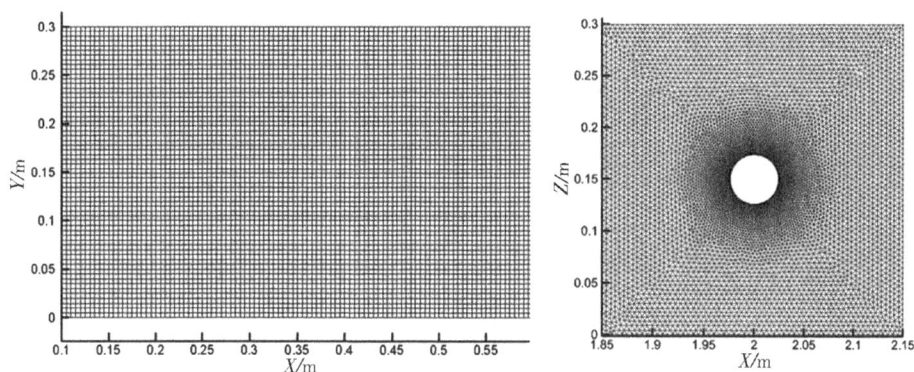

图 3.2　部分网格划分示意图

3.1.2　双柱模型建立与网格划分

本研究的双柱模型建立如下：

运用了大涡模拟（LES）技术，模拟了下凹型内波的产生和传播过程。所采用的三维水槽尺寸为长 4 m、宽 0.3 m、高 0.3 m，岸坡平台的尺寸为长 2.15 m、宽 0.3 m、高 0.1 m，岸坡角度 $\alpha = 45°$，串列双柱柱间距 L。如图 3.3 所示，研究柱体位于模拟岸坡平台中心，其底部中心点坐标为 $(x, y, z) = (2.0, 0.15, 0.15)$，柱体直径 $D = 0.05$ m。本研究采用重力塌陷法制造内波[61]。水槽沿 X 方向被划分为造波区（$x = 0 \sim 0.23$ m）和传播区（$x = 0.23 \sim 4$ m），其中阶梯高度 Δh 表示造波区和传播区之间的密度跃层高度差。在初始阶段，水槽内的水体被设定为双层阶梯型流体，上层为清水，密度 $\rho_1 = 0.998$ g/cm^3，下层为盐水，密度 $\rho_2 = 1.020$ g/cm^3。上层水体厚度 $h_1 = 0.075$ m，下层水体厚度 $h_2 = 0.225$ m，总水深 $H = 0.3$ m。

同样，本模型采用大涡模拟（LES）方法模拟下凹型内波的传播过程，采用了有限体积法对控制方程进行离散化处理。通过 SIMPLE 算法对流速—压力项进行耦合，以保证质量守恒，并得到压力场。扩散项采用二阶中心差分格式进行离散化处理，而对流项则采用二阶上风格式进行离散化处理。时间项采用二阶隐式格式进行离散化处理。模型采用了无滑移固壁边界条件来处理造波区左端边界、水槽侧壁、水槽底部以及柱体表面。这样的设置可以避免内波发生反射。而水槽右端则采用 Sommerfeld 辐射型边界条件。对于顶部边界条件采用"刚盖假定"，忽略了表面波的影响。

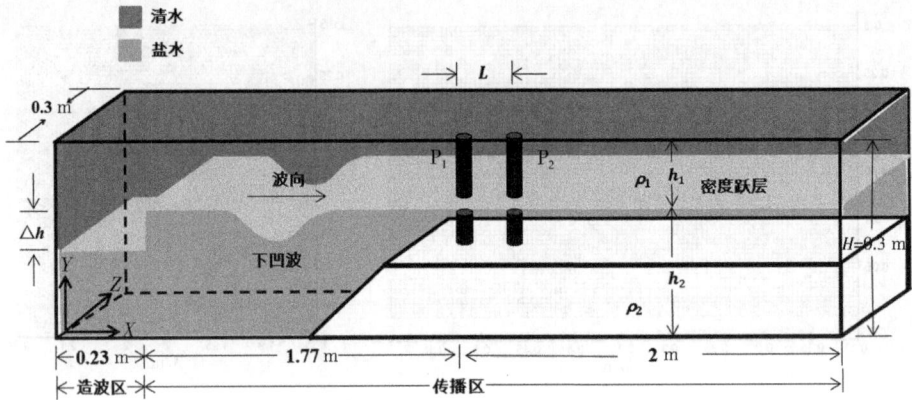

图 3.3　双柱模型及内波造波方法示意图

研究采用有限体积法对三维数值水槽的计算区域进行离散化处理。网格划分在有限元分析前的预处理中具有重要作用,而网格质量的好坏直接关系到数值模拟结果的准确性。为了提高准确性,研究采用了结构化网格与非结构化网格相结合的方法,以确保合适的网格质量。

三维数值水槽 $X = 0 \sim 1.85$ m 为内波传播区,区域划分网格为结构化网格,区域网格单元尺寸定义为 0.005 m。柱体所在区域 $X = 1.85 \sim 2.15$ m 划分网格为非结构化网格,方法采用 MultiZone,映射网格类型采用棱柱体,曲面网格法选择铺设,控制网格单元的类型为二阶单元。$X = 2.15 \sim 4.0$ m 为数值消波区,网格定义类型分区数为 23,偏置增长率为 1.2,偏置选项为平滑过渡。

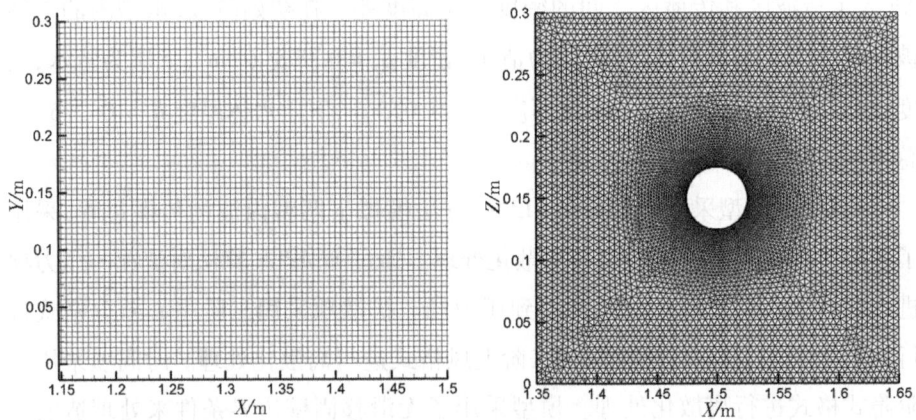

图 3.4　部分网格划分示意图

3.2　造波方法与边界条件

本研究采用重力塌陷法制造内波,其原理如图 3.5 所示。首先,通过调整水槽内水的密度差异,利用重力作用产生差异密度的液体分层。随后,通过控制阶梯高度差,即不同密度分层之间的高度差,使得重力作用引起的液体下降,从而在水槽中产生内波现象。重力塌陷法在实验室研究中被广泛采用,它能够模拟真实海洋环境中内波的生成和传播过程。三维数值水槽沿 X 方向划分为造波区和传播区。在造波区域内,本研究设定上、下层水体存在一定厚度差,并通过重力塌陷作用在造波区域与传播区域交界处产生压差。这样的设置会激发下凹型或上凸型的内波。造波区域两侧的密度跃层高度差 Δh 被称为阶跃高度,而造波区域的长度 L_0 则被称为阶跃长度。通过控制阶跃高度和阶跃长度可以调节内波的特征和行为。这种划分和初始化设置有助于模拟内波在水槽中的形成和传播情况。

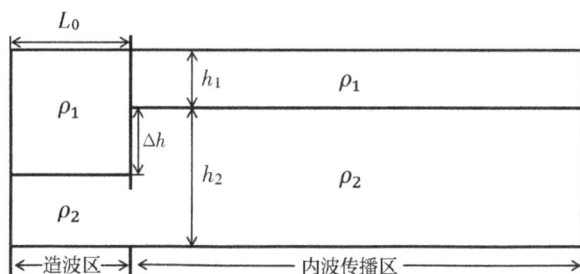

图 3.5　重力塌陷法示意图

在三维数值水槽的模拟实验中,为了精确控制和分析水流动力学特性,上层边界采用了"刚盖假定"这一技术手段。这种假定通过设定水面为刚性不可穿透的边界,有效地忽略了表面波动的复杂性,从而简化了模型并减少了计算量,确保了试验结果的准确性和可靠性。同时,为了模拟实际水槽的物理边界条件,左右两侧壁面采用了滑移固壁边界,这种边界条件允许水流在壁面上自由滑动,而不产生任何阻力或反射效应,这对于保持流场的自然流动特性至关重要。在造波区域的左侧边界、水槽底部以及墩柱表面,则定义为无滑移壁面边界,这种边界条件限制了流体在接触面上的任何滑动,模拟了固体壁面对流体的黏附效应。最后,为了防止内波在水槽右端发生反射,影响流场的稳定性,采用了 Sommerfeld 辐射型边界。这种边界条件允许波能以特定的衰减模式向外辐射,从而避免了波能在边界处的反射和累积,确保了数值模拟的连续性和真实性。

3.3 网格无关性分析

网格无关性分析基于平坡地形上单柱工况开展,见图 3.6。网格无关性分析工况具体设置见表 3.1。图 3.7 给出了不同网格密度的柱体周围网格局部放大图。图 3.8 给出了三种网格密度对应的单柱水平受力计算结果。可以看出,当网格密度从低密度(L)增大到工况中密度(M)时,柱体所受到的水平合力 C_{Fn} 会发生明显变化,两工况幅值 C_{Fn-max} 之间相差 0.5%;而中密度(M)和高密度(H)的 C_{Fn} 差别很小,两工况幅值 C_{Fn-max} 之间仅相差 0.06%。由此可知,利用中密度网格与低密度网格数值计算结果会出现偏差,而中密度网格与高密度网格数值计算结果吻合度较高。利用三维数值水槽模拟内波传播过程需要一定的网格精度,因此会消耗大量的计算机资源,在实际操作过程中既要考虑节省计算机运算资源,又要保证精确地模拟内波在三维数值水槽中的传播过程,结合上文的分析,故认为采用工况 M 的中等密度网格计算可行。

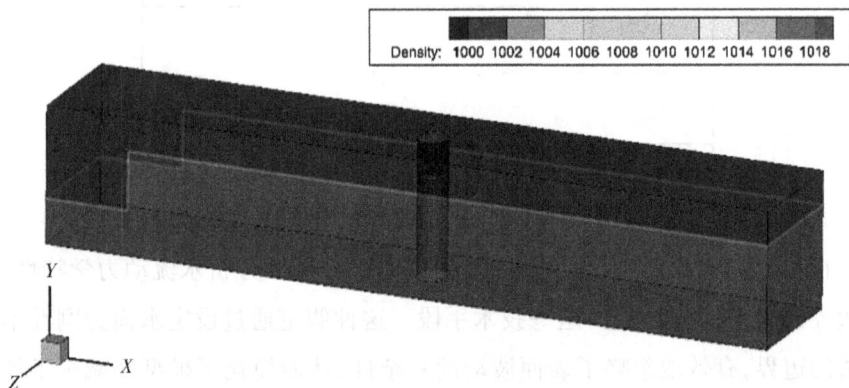

图 3.6　网格无关性分析模型示意图

表 3.1　网格无关性分析工况设置表

Case	$\Delta t/s$	C_{Fn-max}	Elements number
L(low)	0.02	0.0906	517,025
M(moderate)	0.01	0.0976	2374,993
H(high)	0.006	0.0981	3114,664

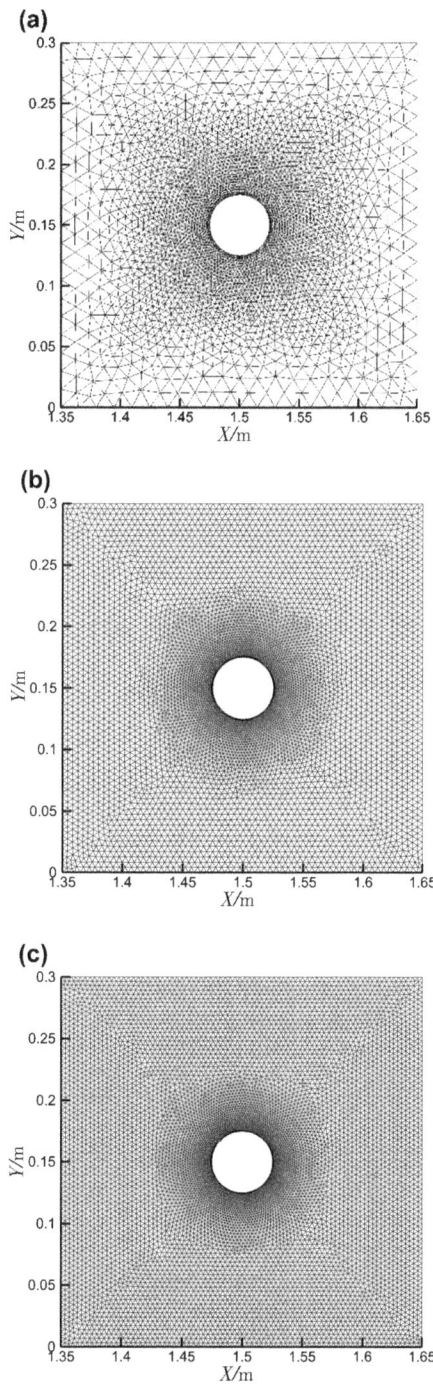

(a)L:低密度 （b)M:中等密度 （c)H:高密度

图3.7 不同网格密度的柱体周围网格放大图

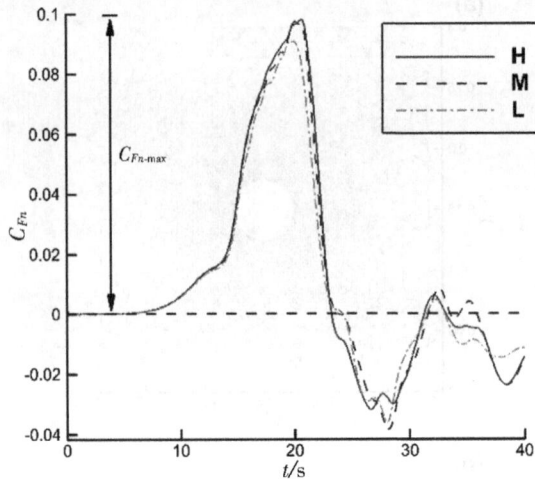

图3.8　三种不同网格密度的圆柱体上的作用力

3.4　数值模拟结果与物理实验结果对比

3.4.1　波形对比

本研究采用 Chen[110] 的物理模型实验得到的结果对本数值模型进行验证。水槽的长 $(X)\times$宽$(Z)\times$高$(Y)=12.0\text{ m}\times0.5\text{ m}\times0.7\text{ m}$,如图 3.9 所示。上层清水水体的厚度为 0.1 m、密度为 998 kg/m³,下层水体的厚度为 0.4 m、密度为 1030 kg/m³。通过开启闸门,内波就能在重力塌陷作用下[111,112] 产生并开始向水槽的左端传播。两个超声波探头分别安装在 $X=4$ m 和 $X=7.5$ m 位置,用于探测内波在传播过程中的空间位置变化过程。

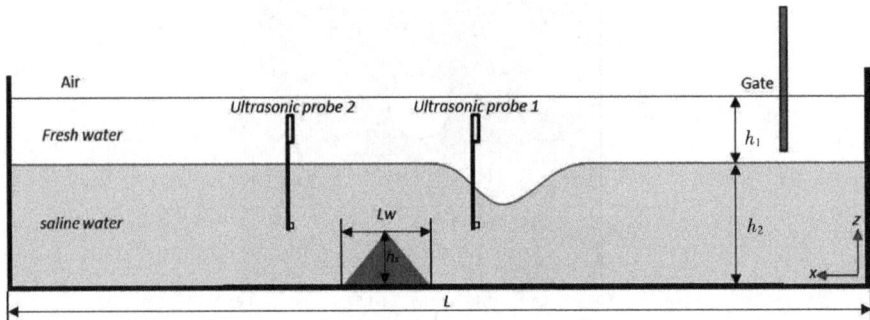

图3.9　Chen 的物理实验设置示意图

根据 Chen 的物理实验的水槽尺度,遵循前文介绍的构建方法与网格划分方法,我们建立了三维数值模型,得到数值计算结果如图 3.10 所示。从图中可以看出数值模拟结果与物理实验观测到的结果较好地吻合。由此可知本研究采用的数值水槽建立方法与网格划分方法是可行的,能够很好地模拟内波的传播过程。

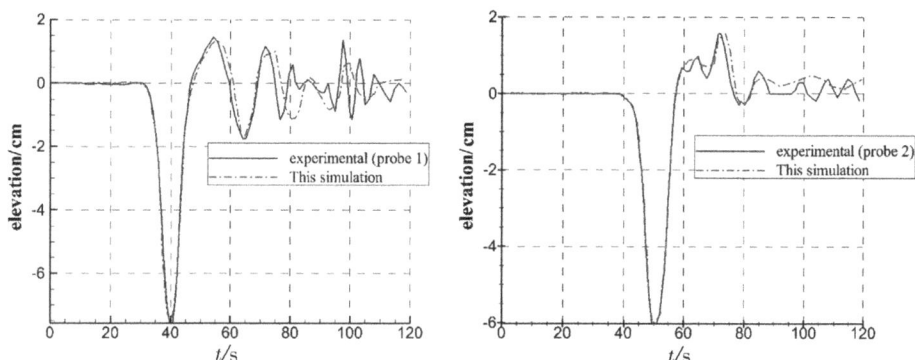

图 3.10　验证结果(左:探头 1;右:探头 2)

3.4.2　受力对比

本研究采用王飞[113]的物理模型实验对本数值模型进行验证。水槽的长 $(X) \times$ 宽$(Z) \times$ 高$(Y) = 16.0 \text{ m} \times 0.35 \text{ m} \times 0.57 \text{ m}$,如图 3.11 所示。上层清水水体的厚度为 0.095 m、密度为 1000 kg/m³,下层水体的厚度为 0.475 m、密度为 1024 kg/m³。通过开启闸门,内波就能在重力塌陷作用下产生并开始向水槽的右端传播。在数值水槽距离水槽前面 10 m 处设置 6 段竖直圆柱块模拟贯穿水深的桩柱,每段圆柱高 8 cm,由上至下编号为柱块 1 至柱块 6。

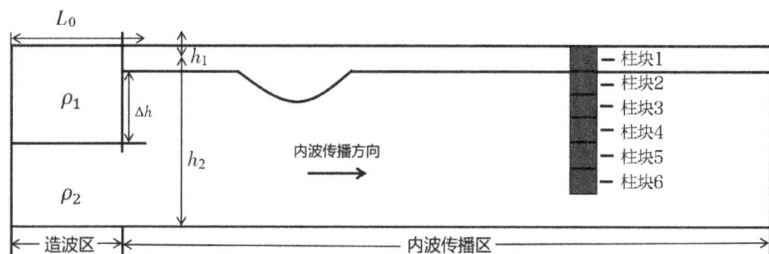

图 3.11　王飞的物理实验设置示意图

根据王飞的物理实验的水槽尺度,遵循前文介绍的构建方法与网格划分方法,我们建立了三维数值模型,得到数值计算结果如图 3.12 所示。除柱块 3 的实验数据缺失外,从图中可以看出数值模拟结果与物理实验观测到的结果较好地吻合。由此可得知本研究采用的数值水槽建立方法与网格划分方法可靠,能够很好地模拟内波的传播过程。

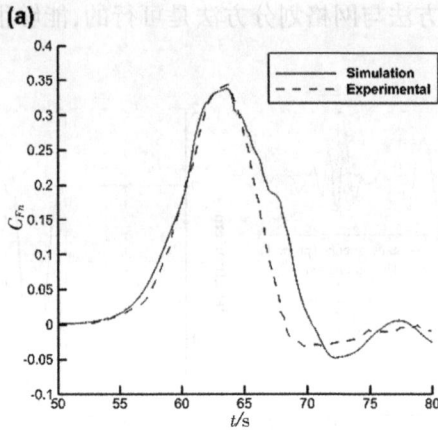

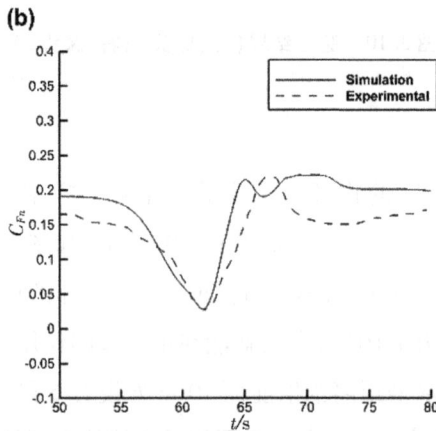

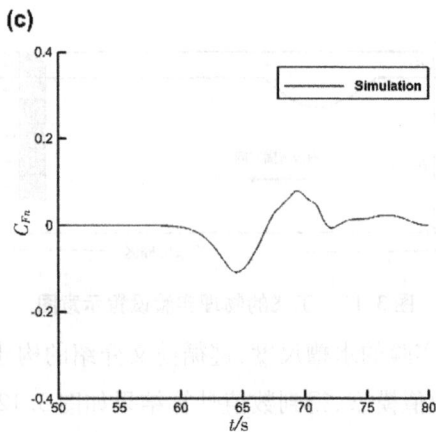

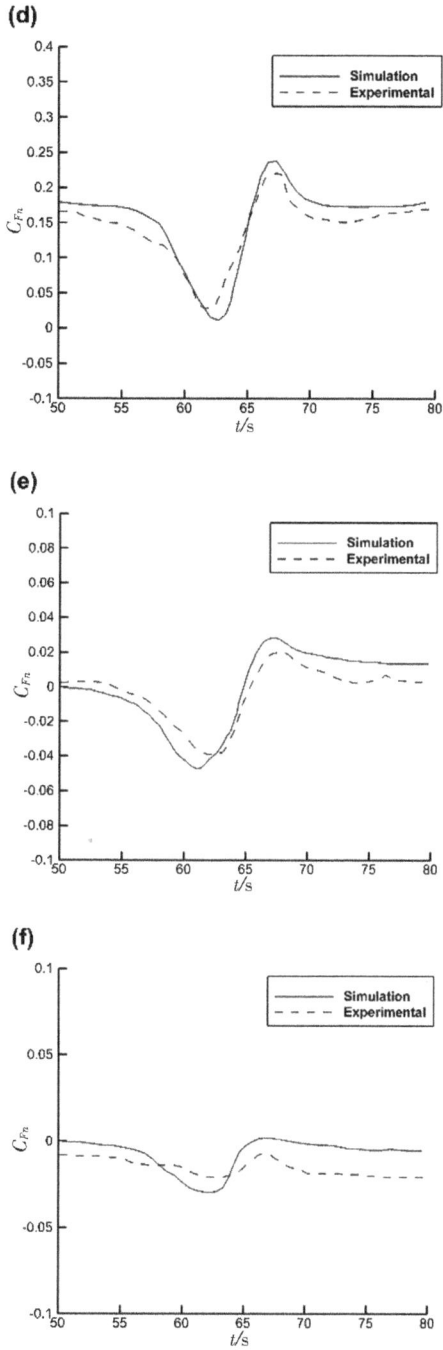

（a）柱块 1　（b）柱块 2　（c）柱块 3　（d）柱块 4　（e）柱块 5　（f）柱块 6

图 3.12　实验与数值模拟横向力时程图

3.5　本章小结

　　本章详细阐述了研究的前期准备工作,构建了一个精细的三维数值水槽模型,明确了水槽的具体尺寸,包括长度、宽度和深度,以及墩柱的具体位置和布局,确保模拟的准确性。在此基础上,水槽被划分为两个关键区域——造波区和传播区,以便更准确地模拟波动的生成与传播过程。本研究采用重力塌陷法生成内波,能够在数值水槽中产生与实际物理过程相符的内波。同时,为了减少表面波对模拟结果的干扰,研究在上层边界实施了"刚盖假定",这一假定能够有效地模拟无限水深的条件,从而提高模拟的精度。在边界条件的设置上,本研究将水槽底部边界、墩柱表面和水槽前壁面设定为无滑移固体边界,以模拟真实的流体与固体接触情况。而后壁面则采用了 Sommerfeld 辐射型边界,这种边界条件可以有效地模拟波动在开放水域中的传播和反射,进一步提高模拟的准确性。在网格划分方面,本研究结合了结构化网格和非结构化网格的划分方法,特别是在墩柱周围这一复杂流动区域,采用 Multizone 方法建立了非结构化网格,以更好地捕捉流体的局部细节。此外,考虑到网格划分质量直接关系到数值模拟的准确性,本研究还进行了网格无关性分析,通过对比不同网格划分密度下的模拟结果,确定了最合适的网格划分密度,既确保了数值模拟的精度,又实现了计算机资源的高效利用。本研究将物理实验结果与数值模拟结果进行了对比来验证数值模型的准确性,分别采用 Chen 和王飞的物理模型实验进行对比,结果表明本研究所建立的数值水槽模型及网格划分方法是合理且可行的。

第四章　岸坡地形上单柱水动力特性分析

4.1　工况设置

参考之前学者的研究成果[68,114,115]，我们选定三种岸坡地形普适模型构建三维数值水槽，如图 4.1 所示。其中图 4.1(a)为平坡地形模型(工况 N_1)，图 4.1(b)为台阶地形模型(工况 N_2)，图 4.1(c)为平顶海山模型(工况 N_3)，图 4.1(d)为平顶岸坡模型(工况 N_4)。各数值水槽左下角定义为三维坐标系的原点 O，三维数值水槽尺寸为长 4 m、宽 0.3 m、高 0.3 m。墩柱长 $H=0.2$ m，直径 $D=0.05$ m，竖直放置在水槽中，柱底面圆心坐标$(x,y,z)=(2.0,0,0.15)$ m。计算初始阶段将槽中水体配置为上层清水及下层盐水、密度分别为 $\rho_1=0.998$ g/cm³ 和 $\rho_2=1.017$ g/cm³ 的两层流体系统。上层水体厚度为 0.075 m、下层水体厚度为 0.225 m,总水深为 0.3 m。工况 N_2、N_3 的岸坡平台长度与宽度均为 0.3 m,工况 N_4 平台长度为 2.15 m,工况 N_3、N_4 岸坡模型坡面夹角 $\alpha=45°$。工况设置如表 4.1 所示。

表 4.1　工况设置

序号	工况	h_1/h_2	η_0/H	$C_{Fn-\max}$
1	平坡地形模型(N_1)	0.33	0.0575	0.0857
2	台阶地形模型(N_2)	0.33	0.0575	-0.0683
3	平顶海山模型(N_3)	0.33	0.0575	-0.0692
4	平顶岸坡模型(N_4)	0.33	0.0575	-0.0753

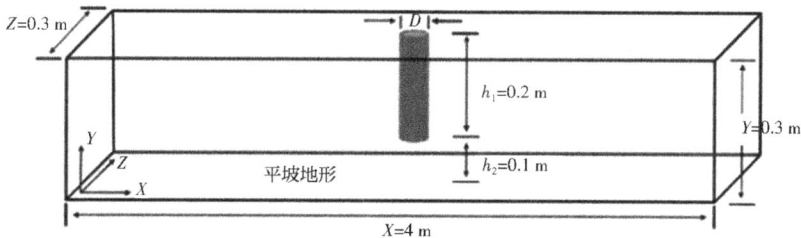

(a)

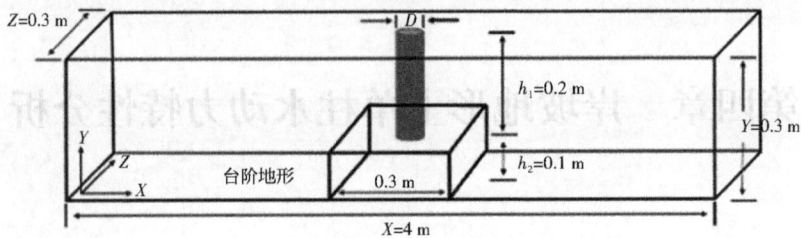

（b）

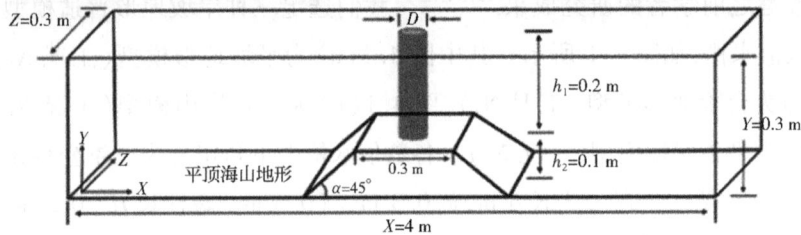

（c）

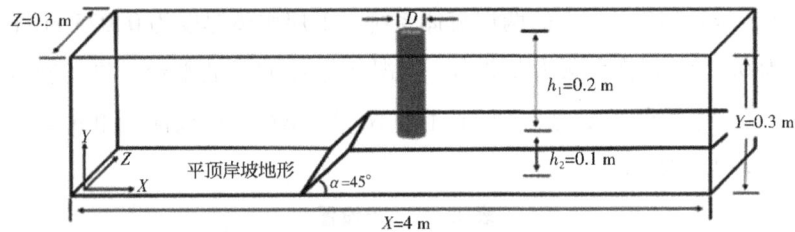

（d）

（a）N_1　（b）N_2　（c）N_3　（d）N_4

图 4.1　不同工况数值水槽示意图

4.2　数值模拟结果分析

4.2.1　墩柱受力特性分析

图 4.2 所示为不同地形下墩柱受力 C_{Fn} 随时间 t 的变化过程图。从图中可以看出，平坡地形下，工况 N_1 中墩柱的受力曲线中存在一个明显的峰值，说明内波在传播过程中会对墩柱施加一个明显的水平作用力且作用力方向与内波传播方向相同，在此过程中墩柱受力还存在一个最不利时刻，即墩柱受到水平

作用力极值时刻,在图 4.2 中,此时刻 $T = 25$ s,$C_{Fn-max} = 0.0857$。后续的 N_2、N_3、N_4 工况中使用的数值水槽模型在工况 N_1 的基础上改变了底部地形。可以看到,内波传播过程中岸坡地形上墩柱受力最不利时刻仍在 $T = 25$ s 时,此时刻 C_{Fn-max} 分别为 -0.0683、-0.0692、-0.0753,三组工况中墩柱 C_{Fn-max} 在数值上略小于工况 N_1,但是方向却出现了相反的现象,在岸坡地形工况中伴随着墩柱 C_{Fn-max} 在方向上发生了改变。通过观察图 4.2 中工况 N_2、N_3、N_4 墩柱的受力曲线,我们可以清晰地看到墩柱在特定时刻出现了一个显著的负向波峰。这一现象表明,在内波传播的过程中,墩柱确实承受了较强的水平合力,然而,值得注意的是,这个水平力的方向并非与内波传播方向一致,而是呈现出相反的趋势。进一步的分析揭示了在内波环境下,平坡地形对墩柱的作用力通常是沿着内波传播方向的,而在岸坡地形中,墩柱所受的水平作用力则与内波传播方向相反,呈现出截然不同的受力特性。

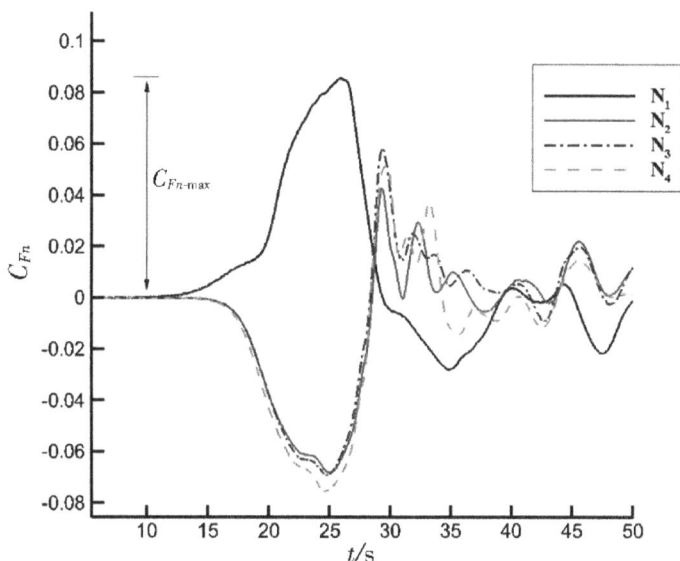

图 4.2　各工况墩柱受力 C_{Fn} 随时间 t 的变化过程

对比这两种地形条件下的受力情况,我们发现,在岸坡地形下,墩柱的最大水平受力 C_{Fn-max} 在数值上略小于平坡地形,且受力方向发生了由正转负的变化,即水平力的波峰出现了翻转。这一变化揭示了岸坡模型中地形因素对内波传播过程中墩柱受力特性的显著影响。在岸坡地形中,墩柱不仅会受到与内波传播方向相反的水平力,而且这种力的强度也相对较大,这无疑对墩柱的结构稳定性和安全性提出了更高的要求。因此,在设计和评估岸坡地形中的桥梁结构时,必须充分考虑地形因素对墩柱受力特性的影响,以确保结构的长期稳定性和安全性。从上文的分析中我们可以看出内波环境下,平坡地形中墩柱会受到一个明显的与内波传播方向相同的水平作用力,而岸坡地形下墩柱会受到明显的与内波传播方向相反的水平作用力。

为了深入了解不同地形下墩柱受力特性的差异,选取各工况 $C_{Fn} = C_{Fn-max}$ 时刻(墩柱受力最不利时刻)对应的计算结果进行分析。沿垂向将柱身分成11段,每间隔0.02 m取一段,提取柱周压力分布图,由此可绘制出各工况下墩柱所受水平合力沿水深的垂向分布,如图4.3所示。

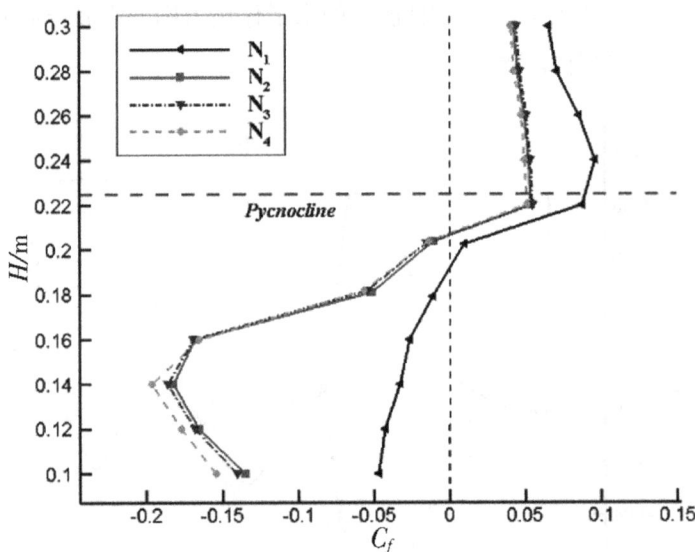

图4.3 $C_{Fn} = C_{Fn-max}$ 时,各工况分层水平合力对比图

以 $H=0.2$ m 为界,将墩柱分为上、下两部分,在下文中将直接对墩柱上部分与下部分的水平受力进行分析。平坡地形下(工况 N_1),墩柱受力最不利时刻,墩柱上部受到的水平作用力合力 C_f 均为正值,最大值出现在 $H=0.24$ m处,此处 $C_{Fn}=0.098$;墩柱下部所受水平作用力合力在 C_f 轴上均为负值,最大值出现在 $H=0.1$ m 处,$C_{Fn} = -0.049$。可以得出此时墩柱上部分与墩柱下部分受到相反的水平作用力,由此形成的剪切力会对墩柱的安全稳定造成不利的影响,这种现象也符合之前学者对内波环境中墩柱水平受力机理的研究结果,

内波传播至墩柱时会对墩柱施加剪切力。改变数值水槽底部地形之后,工况 N_2、N_3、N_4 中墩柱上部分与下部分的受力趋势与平坡地形工况 N_1 一致,在墩柱上部分 C_f 值均为正值,墩柱下部分 C_f 值均为负值,但是岸坡地形工况中墩柱上部分 C_f 值相较工况 N_1 明显变小,而墩柱下部 C_f 值相较于工况 N_1 变大,尤其是在 $H<0.18$ m 的部分出现了较为明显的变化,岸坡地形中墩柱下部分的水平受力明显大于平坡地形。

由此可知,在内波传播过程中,平坡地形下墩柱上部分所受水平作用力要大于岸坡地形,而在岸坡地形下墩柱下部分所受水平作用力明显大于平坡地形,并且墩柱下部分更靠近底部地形的区域会受到更大的水平作用力。

在某一深度截面处柱周截面的压力表示为 C_{Py},表达式可以定义如下:

$$C_{Py} = \frac{2 \times (P_y - P_{oy})}{\rho_y U_{maxy}^2} \qquad (4-1)$$

在本式中 P 和 U_{max} 分别表示柱周的点压力和最大流速;P_o 是初始状态下柱周的点压力;ρ 是流体的密度。下标 y 表示 y 深度位置。在本书中,y 的值为 0.26 m 和 0.14 m,它们分别是墩柱上下层的中心高度。圆周角定义示意图如图 4.4 所示。

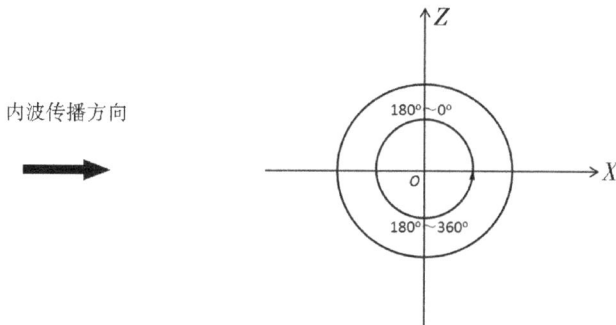

图 4.4　圆周角定义示意图

选取墩柱上部与下部的中心位置的截面,提取截面柱周压强分布图,如图 4.5 所示。图 4.5(a)为 $H=0.26$ m 处柱周压强分布图,将墩柱受到内波冲击的表面定义为迎流面,另一侧则为背流面,图中 $degree=90\sim270°$ 表示墩柱迎流面,其他部分则为墩柱背流面。可以看到四组工况 $H=0.26$ m 处墩柱迎流面所受压强均大于背流面,而迎流面压强中工况 N_1 的 C_P 值明显大于工况 $N_2 \sim N_4$。图 4.5(b)为 $H = 0.14$ m 处柱周压强分布图,背流面压强分布中,工况 $N_2 \sim N_4$ 的 C_P 值明显大于工况 N_1,迎流面工况 N_1 的 C_P 值大于工况 $N_2 \sim N_4$。由上述可知,在内波环境中平坡地形墩柱上部受到的水平作用力更大,而岸坡地形下墩柱下部分受到的水平作用力更大,这与上文中分析的结果相同。

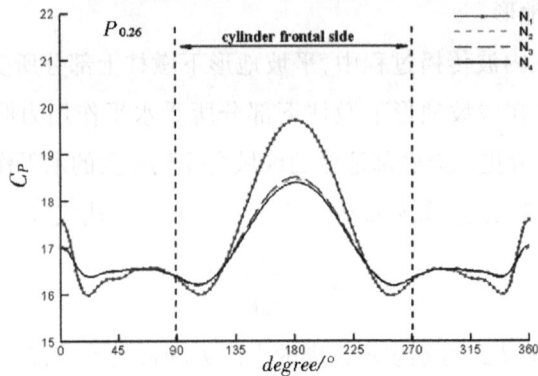

(a)

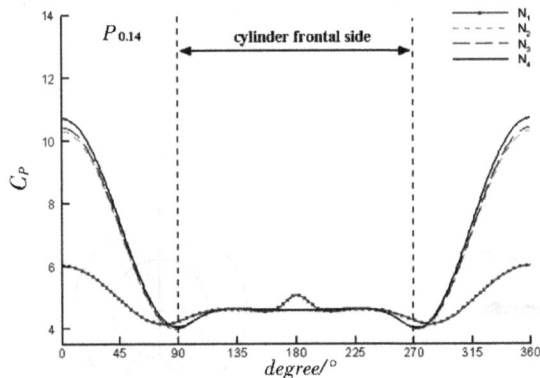

(b)

(a) $H = 0.26$ m   (b) $H = 0.14$ m

图 4.5　N_1 和 $N_2 \sim N_4$ 柱周压力对比图

　　进一步提取截面柱周涡量图,图 4.6 为 $C_{Fn} = C_{Fn-\max}$ 时刻,$H = 0.26$ m 截面处柱周涡量图,可以看到此时墩柱上层水体流向与内波传播方向相同,在墩柱背流面出现涡旋,所以在图 4.3 中墩柱上部 C_f 为正值,受到与内波传播方向相同的水平作用力。图 4.7 为 $C_{Fn} = C_{Fn-\max}$ 时刻,$H = 0.14$ m 截面处柱周涡量图,此时墩柱下部水体的流向与内波传播方向相反,在墩柱迎流面处形成涡旋。但是从图中可以看到工况 N_1 中墩柱迎流面处涡量明显区别于工况 $N_2 \sim N_4$,这是因为在内波抵达地形周围时,内波在浅化过程发生的浅水作用会在岸坡平台上引发大量流体向地形坡面方向流出,加强了内波的下层流体流速,在地形、内波上层流体、浅水作用增大流速的内波下层流体共同作用下,此时岸坡地形下墩柱迎流面涡旋会明显区别于平坡地形,同时岸坡地形下墩柱的受力也会明显区别于平坡地形。在图 4.3 中同样可以看出,工况 $N_2 \sim N_4$ 的 C_f 值明显大于工况 N_1。

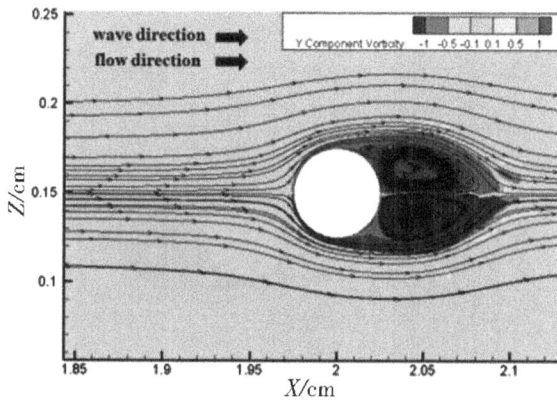

（a）

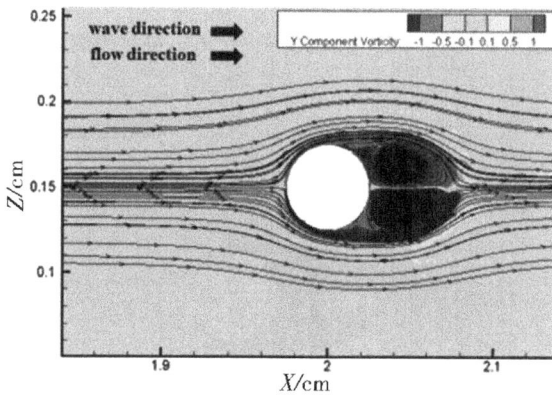

（b）

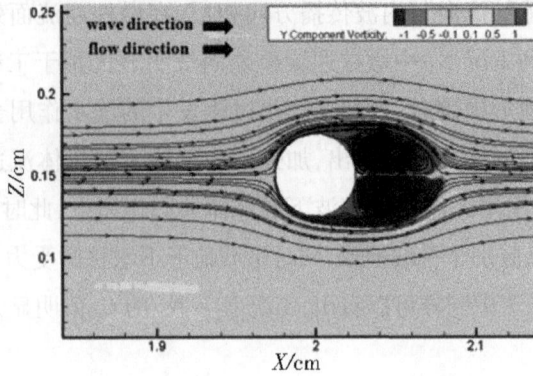

(c)

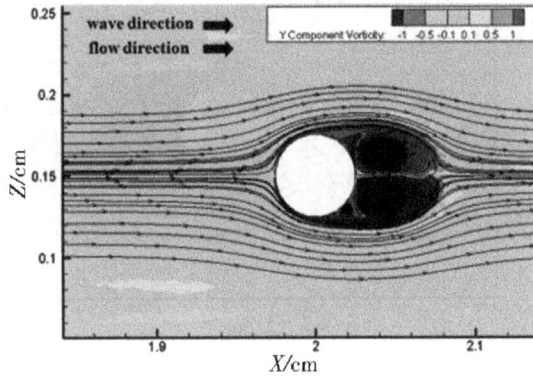

(d)

(a)N_1 (b)N_2 (c)N_3 (d)N_4

图 4.6 $C_{Fn} = C_{Fn-max}$ 时刻，$H = 0.26$ m 处柱周涡量图

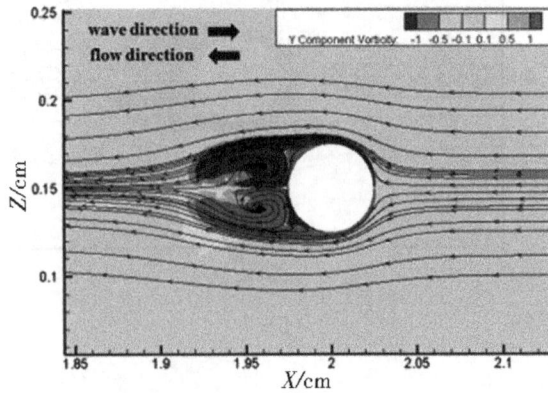

(a)

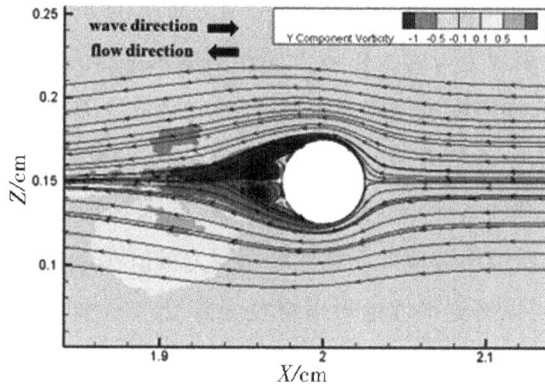

（b）

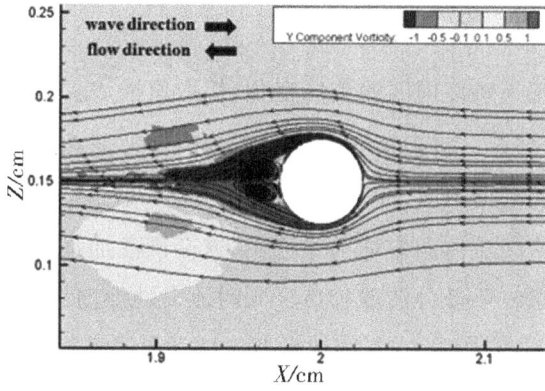

（c）

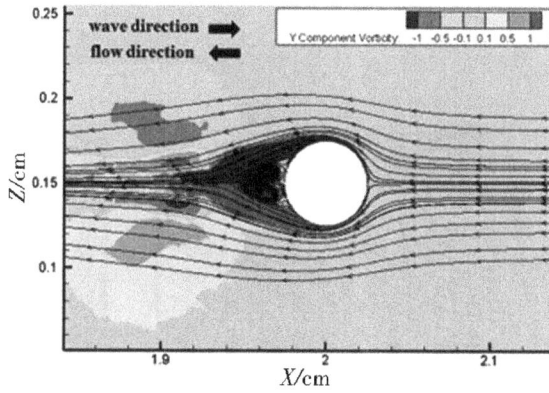

（d）

（a）N$_1$　（b）N$_2$　（c）N$_3$　（d）N$_4$

图 4.7　$C_{Fn} = C_{Fn-\max}$ 时刻，$H = 0.14$ m 处柱周涡量图

内波传播过程中平坡地形上墩柱水平受力极值的方向与内波传播方向相同,此时墩柱受力表现为与内波传播方向相同的水平合力,而岸坡地形中墩柱水平受力极值的方向与内波传播方向相反,此时墩柱受力表现为与内波传播方向相反的水平合力。这是因为内波在抵达地形时会发生浅水作用,加强了内波下层流体流速,使墩柱下部分受到了强力的冲击,又因内波下层流体流向与内波传播方向相反,所以岸坡地形下墩柱水平受力极值在方向上表现为与平坡地形相反。同时还可以看到平坡地形下墩柱上部受水平作用力大于岸坡地形中墩柱同位置受力,岸坡地形下墩柱下部受水平作用力明显大于平坡地形中墩柱同位置受力。

4.2.2 流场分析

分析不同地形下墩柱周围的流场变化,提取墩柱 $C_{Fn} = C_{Fn-\max}$ 时刻周围的流场图,如图4.8所示。可以看到当前时刻内波与地形和结构物相互作用,在岸坡地形前缘迎流坡面形成了涡旋。内波传播至岸坡地形时发生浅水作用,岸坡平台上会出现大量流体向岸坡前缘流出,这一现象加强了内波的下层流体,对岸坡平台上的墩柱下部分造成冲击。同时流向地形前缘的加强流体会与地形、内波上层流体共同作用,在岸坡地形迎流坡面形成涡旋。由此可见,相比平坡地形,内波传播至岸坡时会与地形相互作用,使墩柱周围流场更为复杂多变,尤其是靠近地形的墩柱下部,会因波致流、地形因素引发的复杂水动力环境,迫使墩柱受到的冲击作用更加剧烈。

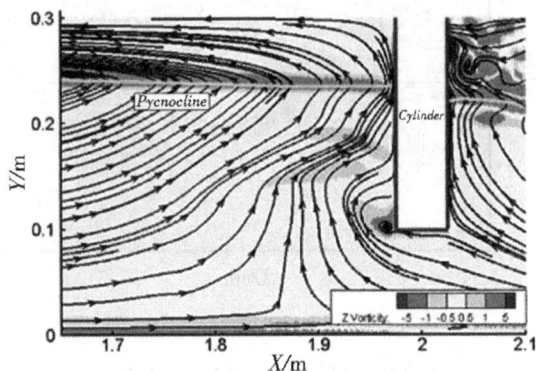

(a)

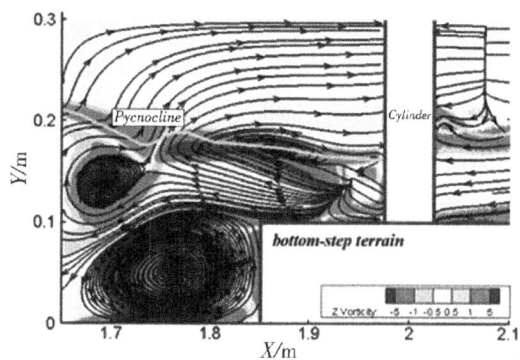

（b）

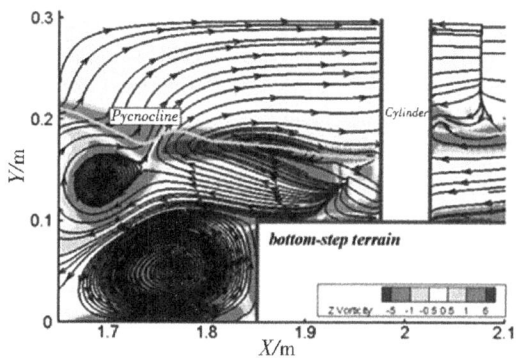

（c）

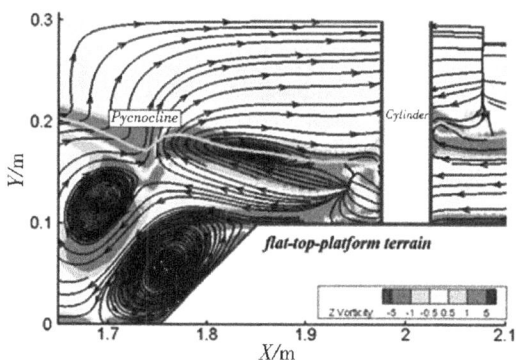

（d）

（a）N_1　（b）N_2　（c）N_3　（d）N_4

图 4.8　$C_{Fn} = C_{Fn-\max}$ 时刻，Y 方向流场分布图

　　为了探究岸坡地形下内波浅化过程中墩柱周围流场的动态变化，以 $T = 19$ s 为起始时刻，每间隔三秒提取柱周流场分布图至 $T = 25$ s（$C_{Fn} = C_{Fn-\max}$ 时刻），

如图4.9所示。$T=19$ s 时刻是内波传播中刚接触到地形的时刻,此时内波受地形因素干扰较小,可以当作对照工况。$T=22$ s 时刻,可以看到工况 $N_2 \sim N_3$ 中内波的前部分,也可以将传播至岸坡上方的内波前部分称为透射波。此时透射波到达岸坡平台,内波在浅化过程中加强了内波的下层流体,与 $T=19$ s 时刻相比,此时在岸坡前缘的内波下层流体的流速明显增强。同时可以看到,对比工况 N_1,$N_2 \sim N_3$ 中内波上层流体的流速存在明显差异,在平坡地形中,内波上层流体的流速较大,而在岸坡地形下,这一流速则相对较小。这种差异在 $T=25$ s 的时刻尤为明显,因为此时内波正好传播到了岸坡地形平台的位置。此时,岸坡地形中内波的下层流体流速与平坡地形的流速依然存在区别,这表明地形的变化对流体动力学特性产生了显著影响。

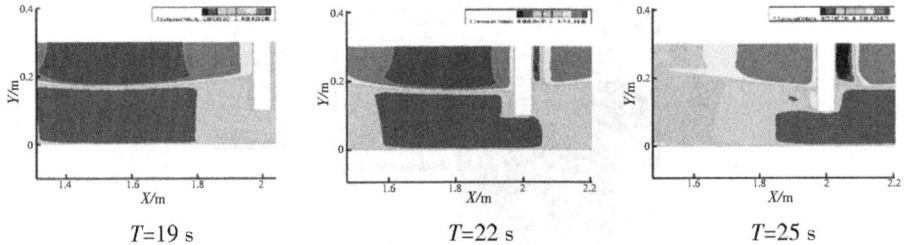

$T=19$ s　　　　　$T=22$ s　　　　　$T=25$ s

(a)

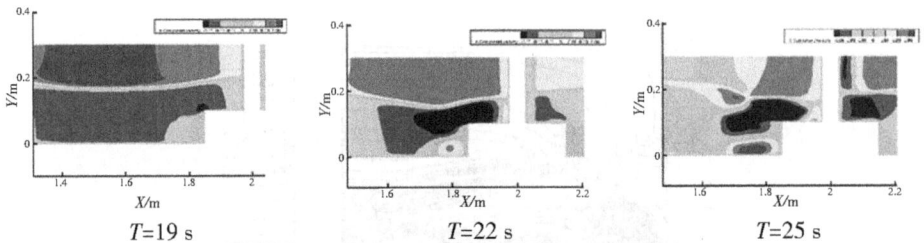

$T=19$ s　　　　　$T=22$ s　　　　　$T=25$ s

(b)

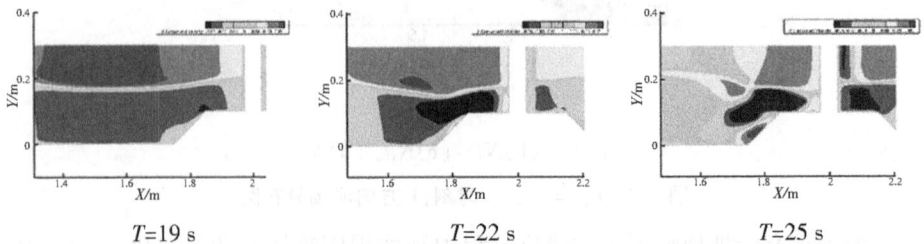

$T=19$ s　　　　　$T=22$ s　　　　　$T=25$ s

(c)

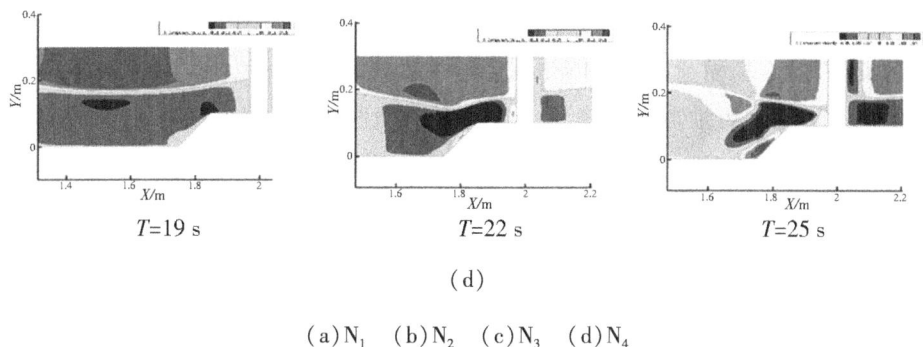

T=19 s T=22 s T=25 s

(d)

(a)N$_1$ (b)N$_2$ (c)N$_3$ (d)N$_4$

图4.9   柱周流场流速变化图

当内波传播至岸坡地形时,由于浅水效应的加强,内波下层流体的流速得到了进一步的提升。这种流速的增加从内波开始接触墩柱周围流域的那一刻起便一直存在,对墩柱的下部分产生了持续的冲击作用。正是这种冲击作用,导致了在岸坡地形下,墩柱下部分在内波传播过程中受到了较大的、与内波传播方向相反的水平作用力。此外,我们还注意到,在内波的浅化过程中,内波下层流体的流速增强不仅对墩柱下部分造成了影响,还削弱了内波上层流体的流速。这一现象为我们解释了为何在图4.3中,墩柱上部的 C_f 值在工况 N$_1$ 中大于工况 N$_2$ ~ N$_4$。

4.3   本章小结

在本章研究中,我们选择了三种典型的岸坡地形普适模型,目的是通过对比分析平坡地形与岸坡地形条件下墩柱所受水平力的差异,深入探讨岸坡地形对内波作用下墩柱受力特性的影响。研究过程中,我们对不同地形条件下的墩柱水平受力变化进行了详细分析,并逐层提取了墩柱周围水平受力的数据,以及在水深 H = 0.14 m 和 H = 0.26 m 两个截面处墩柱迎流面和背流面的压强分布图与涡量图。此外,我们还提取了 Y 方向上柱周流场剖面图和流速变化图,以便更全面地了解流场动态。

在内波传播至岸坡地形时,由于浅水效应的影响,会加速内波下层流体的流速,导致墩柱下部分受到的冲击力增大,相比无地形条件下的情况,墩柱承受的水平作用力更大。同时,内波在浅化过程中加强的下层流体,会在一定程度上削弱内波上层流体的流速。这种浅水效应增强的下层流体,与内波和岸坡地形的共同作用,使岸坡坡面处形成了涡旋。因此,与无地形条件相比,当内波传播经过岸坡时,波致流与地形的相互作用会使墩柱周围的流场变得更加复杂和多变。尤其是靠近地形的墩柱下部,由于波致流和地形因素引起的复杂水动力环境,墩柱受到的冲击作用将更加剧烈,这对墩柱的结构安全提出了更高的要求。

第五章　岸坡地形上串列双柱水动力特性分析

5.1　工况设置

本研究构建三维数值水槽模型,选择了六种不同工况作为研究基础,如表5.1。两种地形模型经过广泛的应用和验证,在模拟内波传播方面具有较好的适用性。如图5.1所示,其中5.1(a)为平坡地形单柱模型(N_1),5.1(b)为岸坡地形单柱模型(N_2),5.1(c)为平坡地形串列双柱(柱间距 $L/D=1.5$)模型(N_3),5.1(d)为岸坡地形串列双柱(柱间距 $L/D=1.5$)模型(N_4),5.1(e)为平坡地形串列双柱(柱间距 $L/D=6.0$)模型(N_5),5.1(f)为岸坡地形串列双柱(柱间距 $L/D=6.0$)模型(N_6)。所采用的三维水槽尺寸为长4 m、宽0.3 m、高0.3 m,而岸坡平台的尺寸为长2.15 m、宽0.3 m、高0.1 m,岸坡角度为 $\alpha=45°$,串列双柱柱间距为 L。研究对象柱体位于模拟岸坡平台中心,其底部中心点坐标为$(x,y,z)=(2.0,0.15,0.15)$,柱体直径 $D=5$ cm。在初始阶段,水槽内的水体被设定为双层流体系统,上层为清水,密度 $\rho_1=0.998$ g/cm^3,下层为盐水,密度 $\rho_2=1.020$ g/cm^3。上层水体厚度为0.075 m,下层水体厚度为0.225 m,总水深为0.3 m。

表5.1　工况设置

序号	工况	h_1/h_2	η_0/H	L/D	$C_{Fn-max}(P_1)$	$C_{Fn-max}(P_2)$
1	平坡地形单柱模型(N_1)	0.33	0.057	/	0.0856	0.0856
2	岸坡地形单柱模型(N_2)	0.33	0.057	/	−0.0725	−0.0725
3	平坡地形串列双柱模型(N_3)	0.33	0.057	1.5	0.1084	−0.0575
4	岸坡地形串列双柱模型(N_4)	0.33	0.057	1.5	0.1575	−0.1217
5	平坡地形串列双柱模型(N_5)	0.33	0.057	6.0	0.0814	0.0816
6	岸坡地形串列双柱模型(N_6)	0.33	0.057	6.0	−0.0738	0.0448

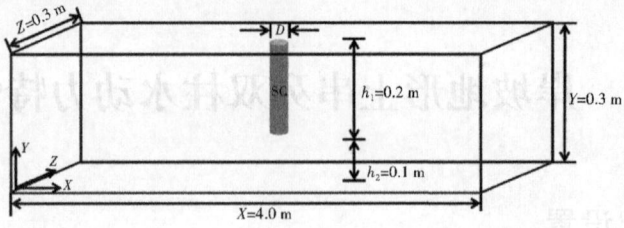

（a）

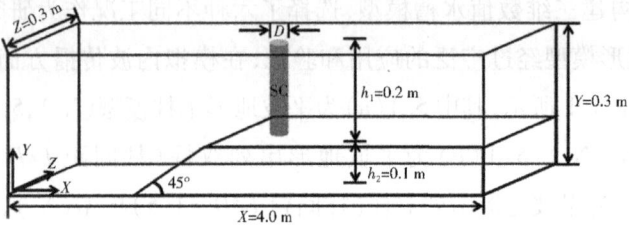

（b）

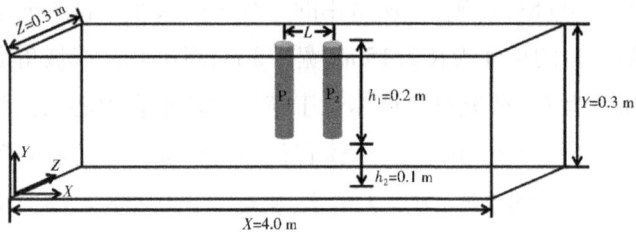

（c）

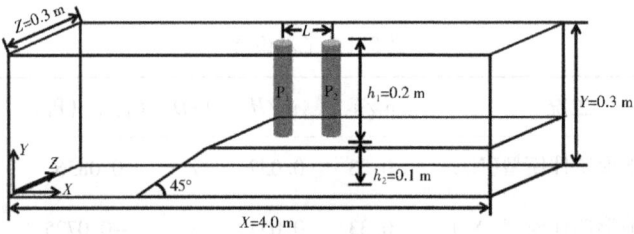

（d）

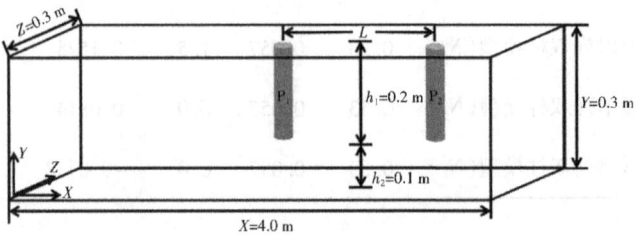

（e）

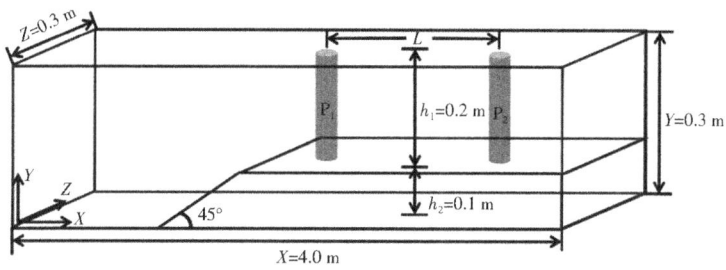

（f）

（a）N_1　（b）N_2　（c）N_3　（d）N_4　（e）N_5　（f）N_6

图5.1　数值水槽工况示意图

5.2　数值模拟结果分析

5.2.1　墩柱受力特性分析

对于两柱柱间距较大和单柱工况,由图5.2(a)、图5.2(c)和图5.2(e)可明显看出,与平坡相比,岸坡情况下 P_1、P_2 水平作用力峰值 C_{Fn-max} 均为负且极值在数值上都会略小于平坡工况。当柱间距较小时,如图5.2(b)和图5.2(d)所示,P_1、P_2 相互作用强烈,导致柱体受力更为复杂,具体分析将在下文展开说明。为了进一步分析不同地形下柱体的受力特性,选取各工况中柱体受力最不利时刻($C_{Fn} = C_{Fn-max}$),沿垂向将柱身分成10段,每段长0.02 m,如图5.3所示。位于上层水体中的柱体部分称为"上部分",位于下层水体中的柱体部分称为"下部分"。下面将继续分析柱体各段水平力系数 C_f 的垂向分布的计算结果。C_f 的定义方法参照式(3-1)。

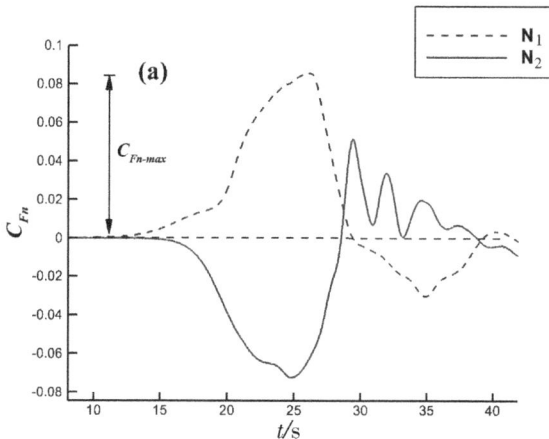

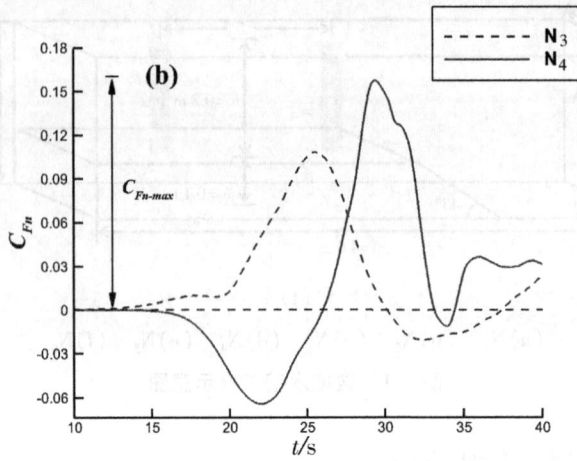

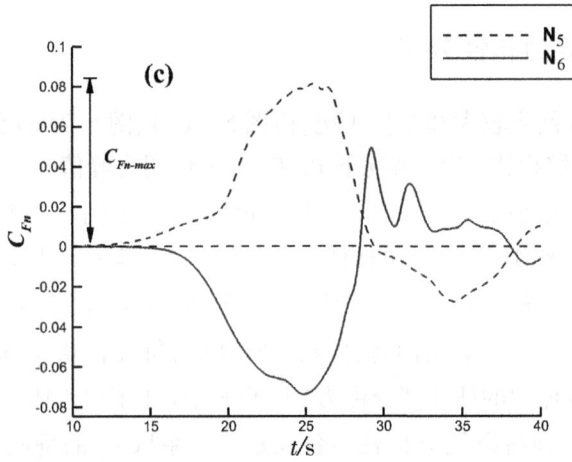

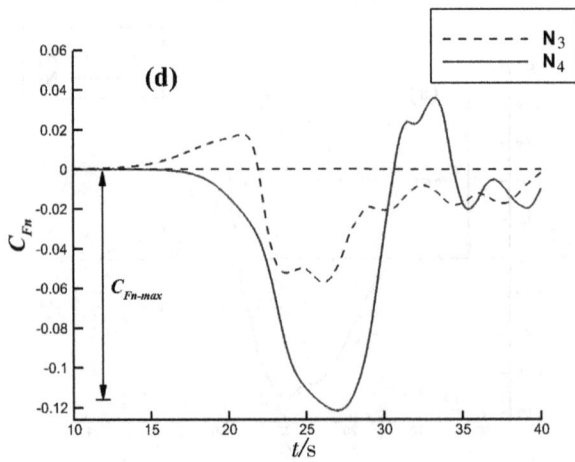

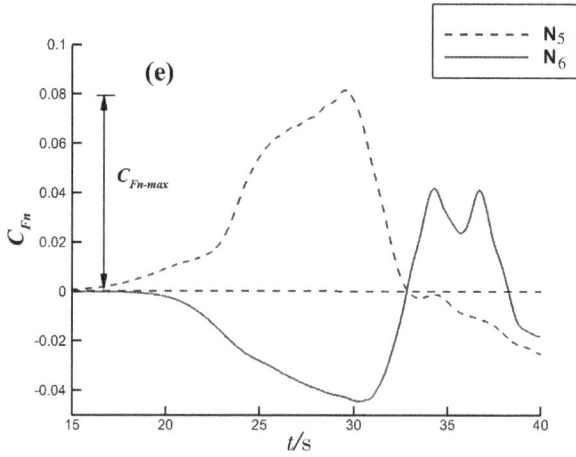

(a)SC　(b)P$_1$(L/D = 1.5)　(c)P$_1$(L/D = 6.0)

(d)P$_2$(L/D = 1.5)　(e)P$_2$(L/D = 6.0)

图 5.2　不同地形下 C_{Fn} 历时曲线对比图

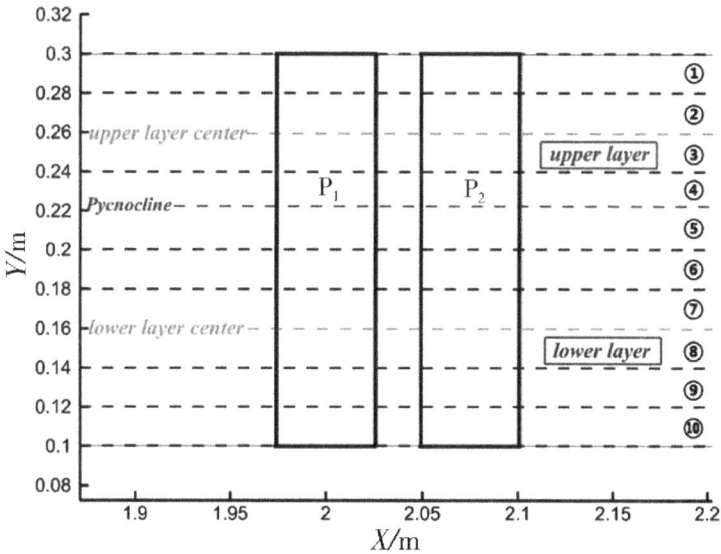

图 5.3　柱体垂向分段示意图

由图 5.4(a)、图 5.4(c)和图 5.4(e)可知,当柱间距较大时,岸坡地形使柱体上部分的顺波向水平力减小,下部分逆波向水平力增大,从而导致柱体在有岸坡的情况下水平合力峰值为负。当柱间距较小时,由图 5.4(b)和图 5.4(d)可知,岸坡的存在会显著改变柱体上部分和下部分所受 C_f,且岸坡的存在都增大了 P$_1$、P$_2$ 所受 C_{Fn-max}。

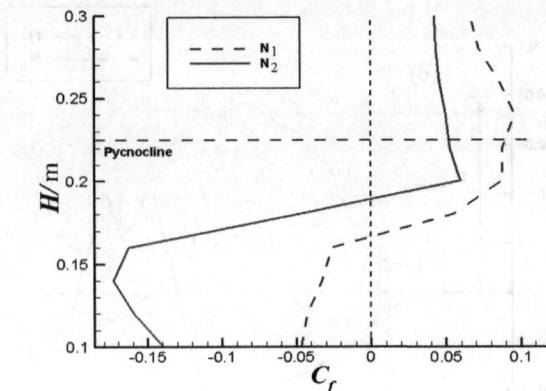

（a）

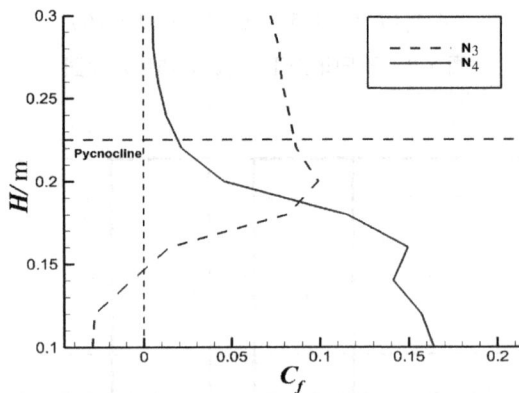

（b）

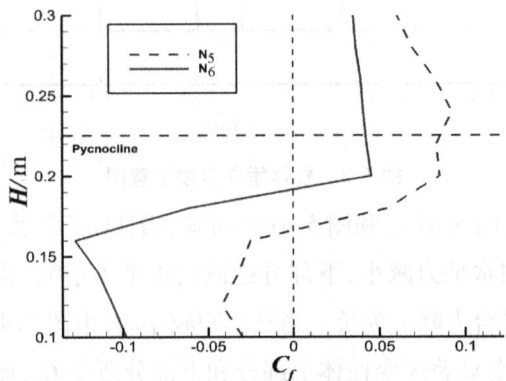

（c）

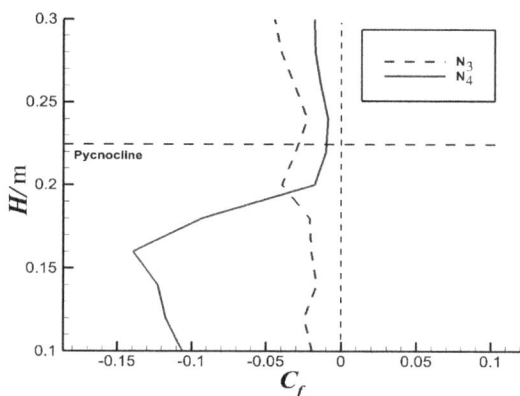

（d）

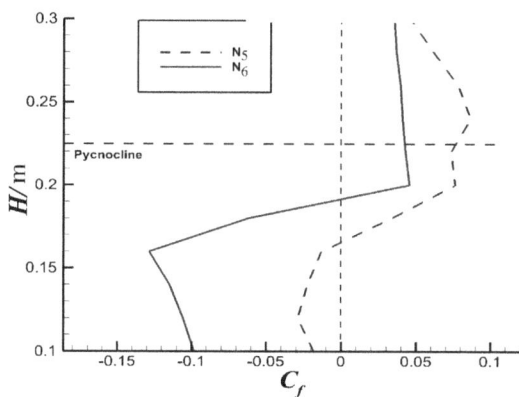

（e）

（a）SC　（b）P_1（$L/D=1.5$）　（c）P_1（$L/D=6.0$）

（d）P_2（$L/D=1.5$）　（e）P_2（$L/D=6.0$）

图5.4　分层水平合力对比图（$C_{Fn}=C_{Fn-max}$）

　　下面将通过比较 $Y=0.16$ m（下层水体中间深度）和 $Y=0.26$ m 截面（上层水体中间深度）处柱周压强分布,进一步分析不同工况受力差异机理。柱体圆周角定义示意图见图4.4。

　　各工况的柱周压强分布如图5.5所示,在下层水体,岸坡地形显著影响了 P_1、P_2 背流面压强,而迎流面的压强变化较小。而在上层水体中,如图5.6所示,岸坡地形的作用导致 P_1、P_2 迎流面压强分布显著变化,而背流面压强分布差异很小。

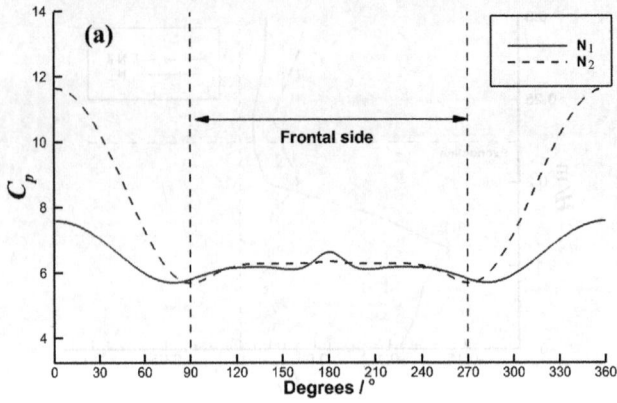

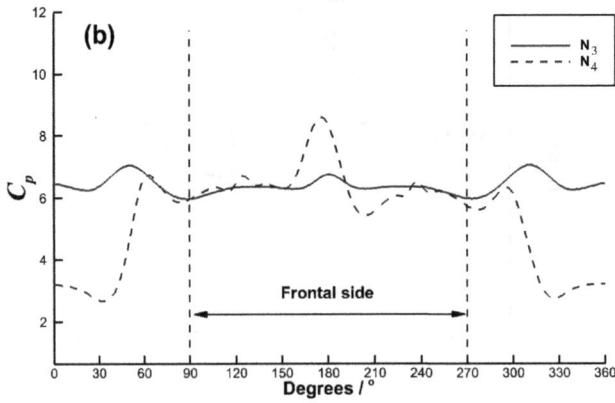

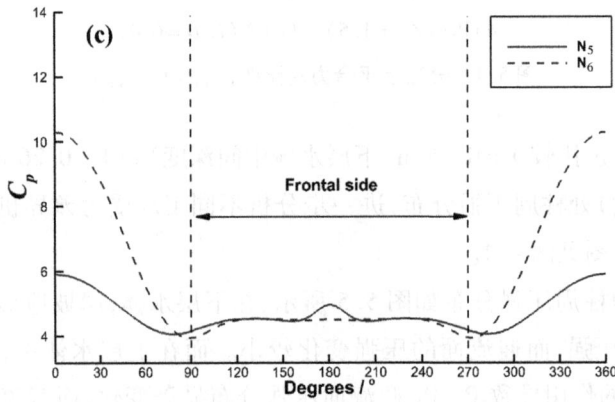

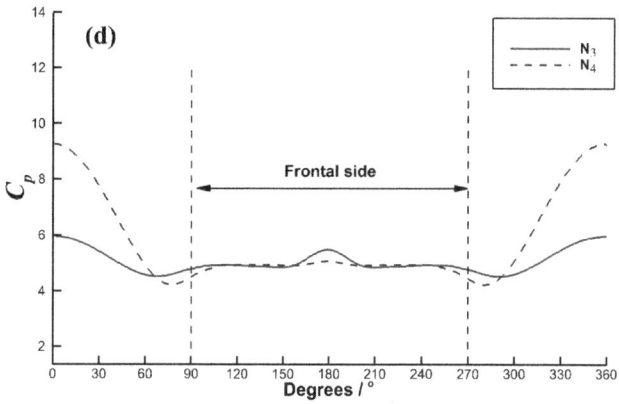

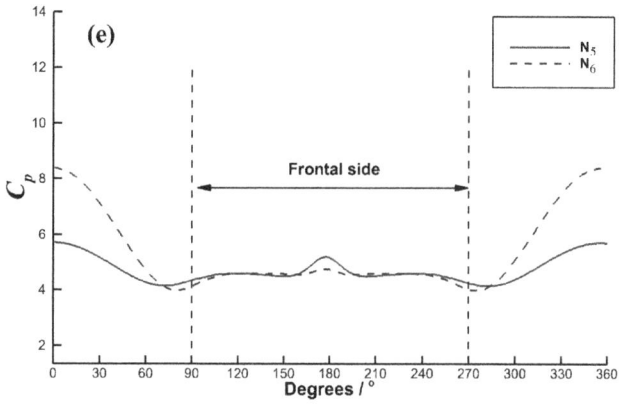

(a)SC （b）$P_1(L/D=1.5)$ （c）$P_1(L/D=6.0)$

（d）$P_2(L/D=1.5)$ （e）$P_2(L/D=6.0)$

图 5.5 $Y=0.16$ m 处柱周压强对比图

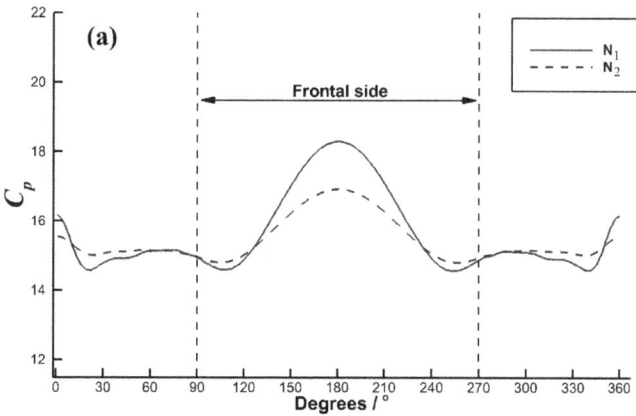

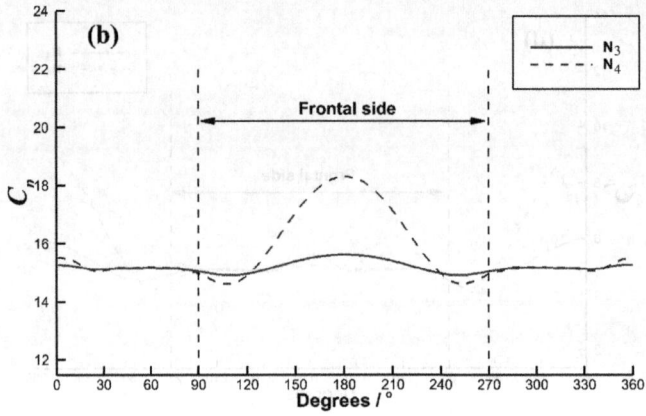

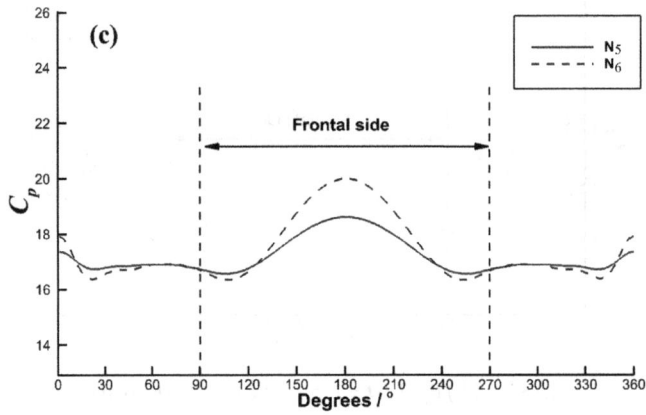

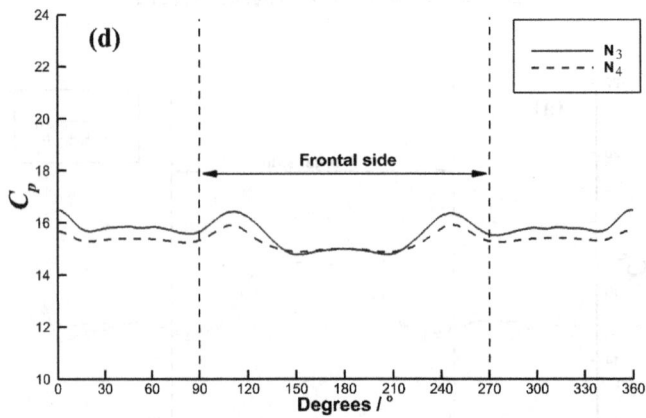

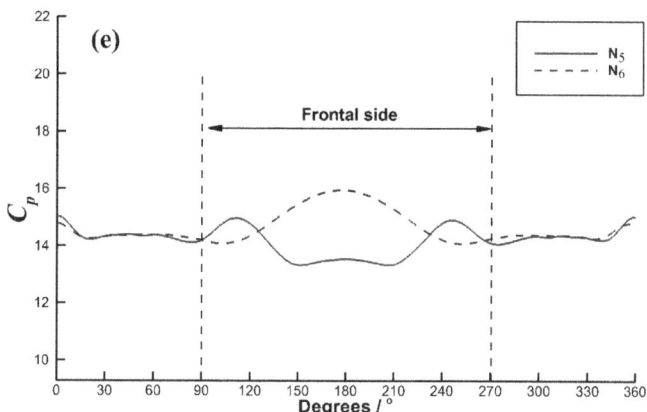

(a)SC　(b)$P_1(L/D=1.5)$　(c)$P_1(L/D=6.0)$

(d)$P_2(L/D=1.5)$　(e)$P_2(L/D=6.0)$

图 5.6　$Y=0.26$m 处柱周压强对比图

　　由此可见,岸坡对单柱、串列双柱的压强、受力均产生较大影响。下面将具体分析岸坡和内波共同作用下,柱间距对串列双柱 P_1、P_2 的流场、压强以及受力的影响机制。

5.2.2　柱体流场特性分析

　　为分析不同地形工况下柱体周围的流场变化,提取 $C_{Fn}=C_{Fn-max}$ 时刻柱体周围的流场图如图 5.7 和图 5.8 所示。通过比较 $Y=0.16$ m(下层水体中间深度)和 $Y=0.26$ m(上层水体中间深度)截面处流场分布,进一步分析不同工况受力差异机理及不同深度处的流动特性,从而进一步分析这些流动特性如何影响柱体所受的力。由工况 N_1、N_3、N_5 与 N_2、N_4、N_6 的对比,我们能够清晰地看出,岸坡地形对柱体下部分柱周漩涡产生了显著的影响。这种影响直接导致了柱体下部分受力出现明显的差异。然而,地形的出现对于柱体上部分流场的影响相对较小,这也是柱体上部分受力差异相对较小的原因所在(从图 5.4 也可以明显得出这一结论)。

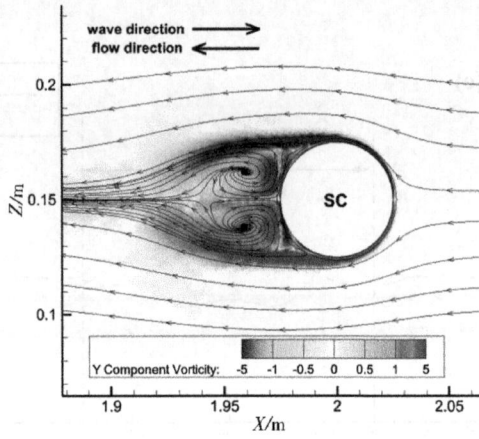

（a）

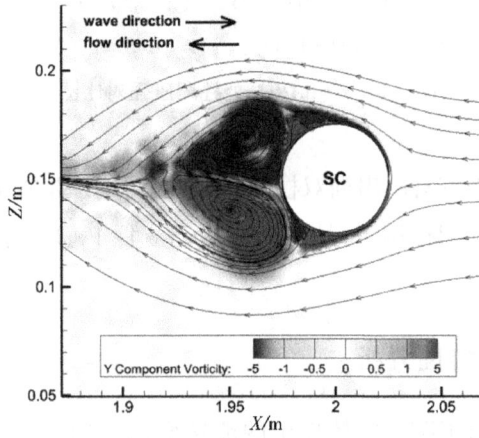

（b）

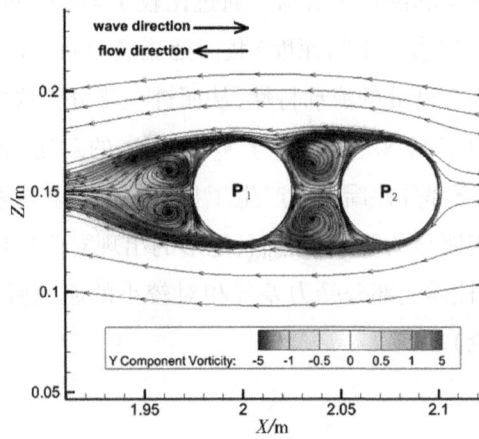

（c）

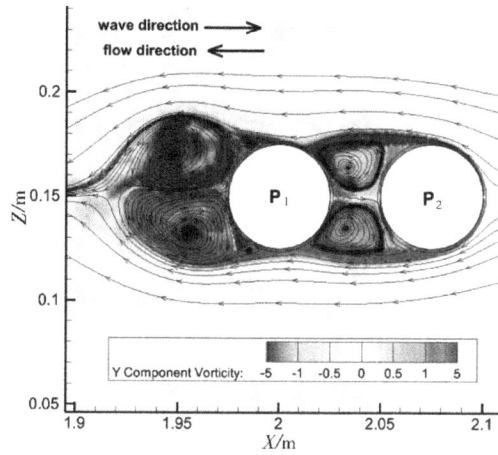

（d）

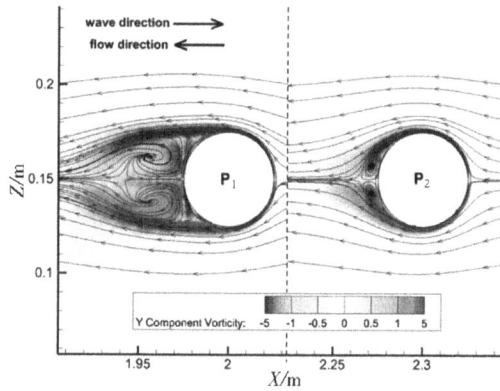

（e）

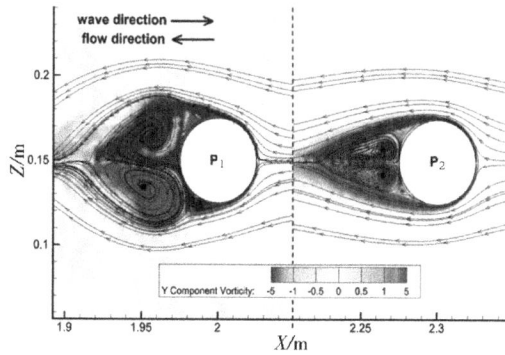

（f）

（a）N_1　（b）N_2　（c）N_3　（d）N_4　（e）N_5　（f）N_6

图 5.7　$C_{Fn}=C_{Fn-\max}$ 时刻，$Y=0.16$ m 处柱周涡量图

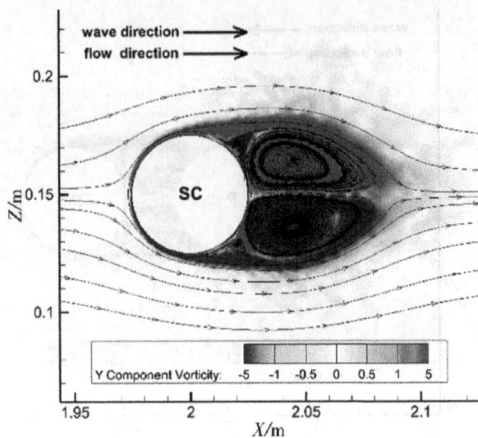

（a）

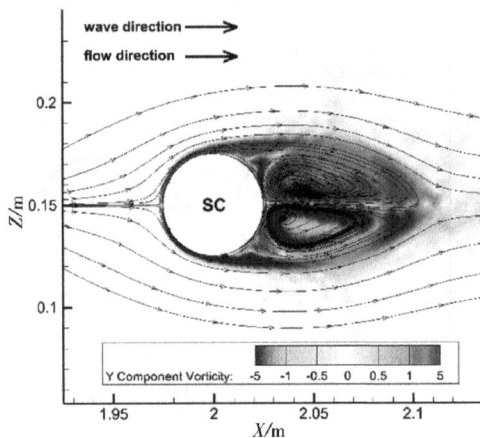

（b）

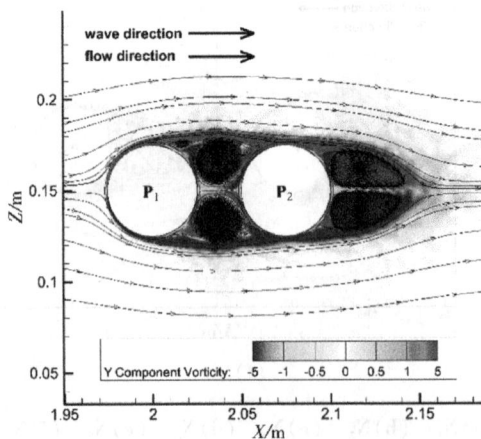

（c）

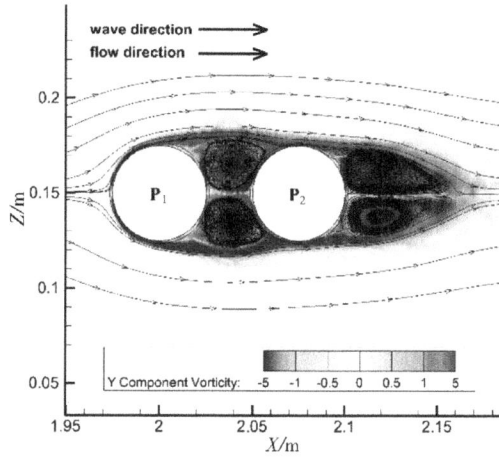

（d）

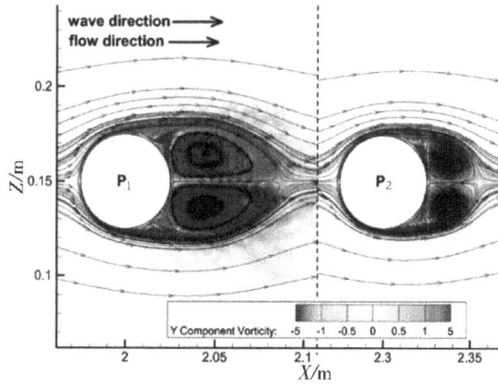

（e）

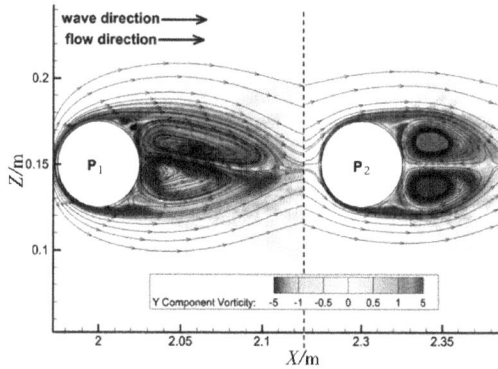

（f）

（a）N_1　（b）N_2　（c）N_3　（d）N_4　（e）N_5　（f）N_6

图 5.8　$C_{Fn} = C_{Fn-\max}$ 时刻，$Y = 0.26$ m 处柱周涡量图

5.2.3　柱体周围流速场特性分析

通过分析不同工况下柱体周围的流场变化,$C_{Fn} = C_{Fn-\max}$ 时刻柱体的受力特性,提取柱体周围的流速场图,如图 5.9 所示。在岸坡地形上,内波与地形及柱体的相互作用呈现出一种动态且复杂的交互模式。当内波传播至岸坡时,其能量分布和流动特性发生了显著变化。大量流体从岸坡平台上方涌向柱体的迎流面,这种流动不仅增强了内波下部分流体的动能,还对柱体的下层产生了强烈的冲击作用。这种冲击作用在柱体受力分析中表现得尤为明显,显示出柱体下部分承受的压力远大于其他部分。同时,流向坡面的下层流体与上层流体之间形成了复杂的相互作用,这种作用在岸坡坡面上形成了明显的漩涡。这些漩涡不仅改变了流体的运动轨迹,还进一步加剧了流场的复杂性。因此,与平坡地形相比,岸坡地形上内波与地形的相互作用使得柱体周围的流场变得更加复杂多变。特别是在接近地形的柱体下部分,这种复杂的水动力环境使得柱体受到漩涡和地形因素的共同作用,承受更大冲击作用(前文的柱体受力分析中也可以明显得出这一结论)。

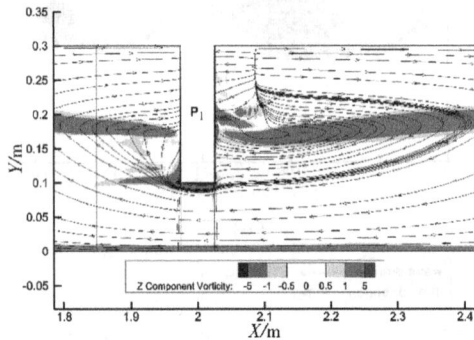

(a)

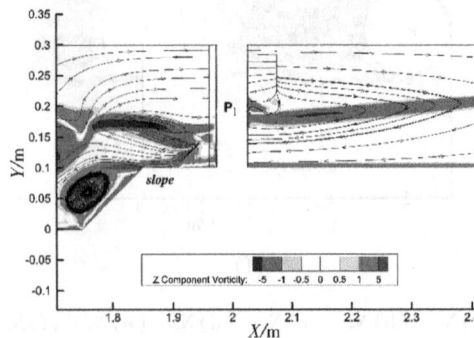

(b)

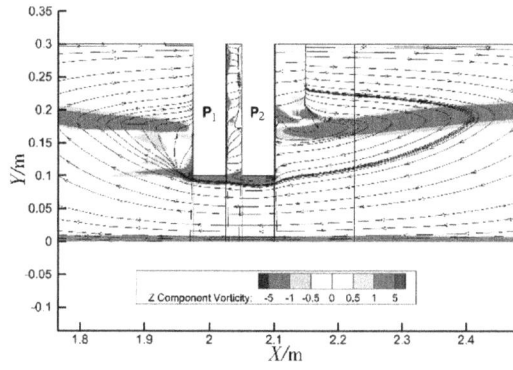

（c）

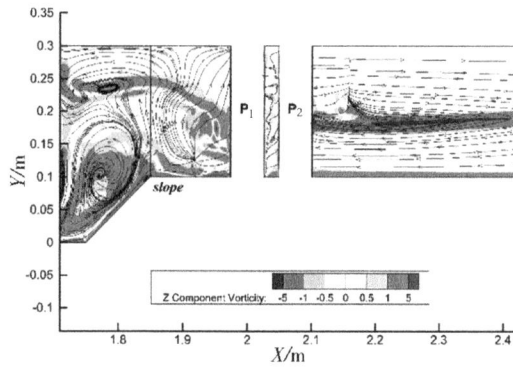

（d）

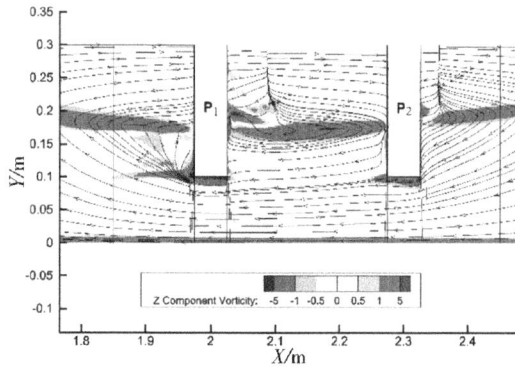

（e）

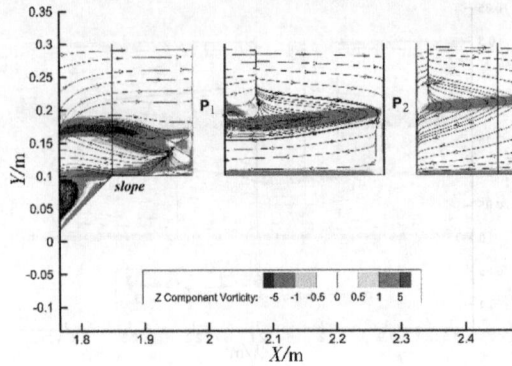

（f）

（a）N_1　（b）N_2　（c）N_3　（d）N_4　（e）N_5　（f）N_6

图 5.9　$C_{Fn} = C_{Fn-max}$ 时刻，$Z = 0.15$ m 处流速场图

为继续研究岸坡地形上内波传播过程中柱体周围流场的动态变化，研究分别在柱体受力达到极大值（$C_{Fn} = C_{Fn-max}$）时刻、该极大值前 3 秒、极大值前 6 秒，提取了柱体周围 X 方向的速度场分布图（如图 5.10 所示）。

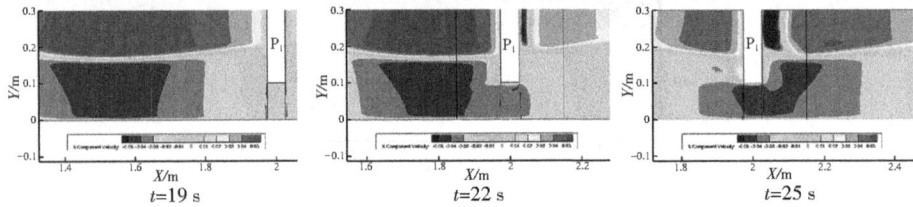

（a）

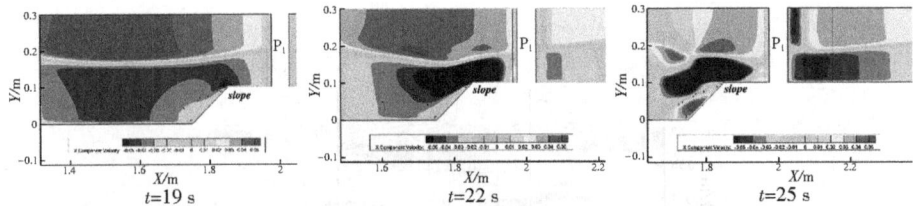

（b）

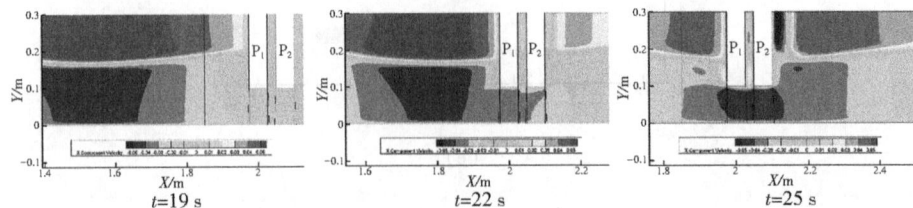

（c）

(d)

(e)

(f)

(a)N₁　(b)N₂　(c)N₃　(d)N₄　(e)N₅　(f)N₆

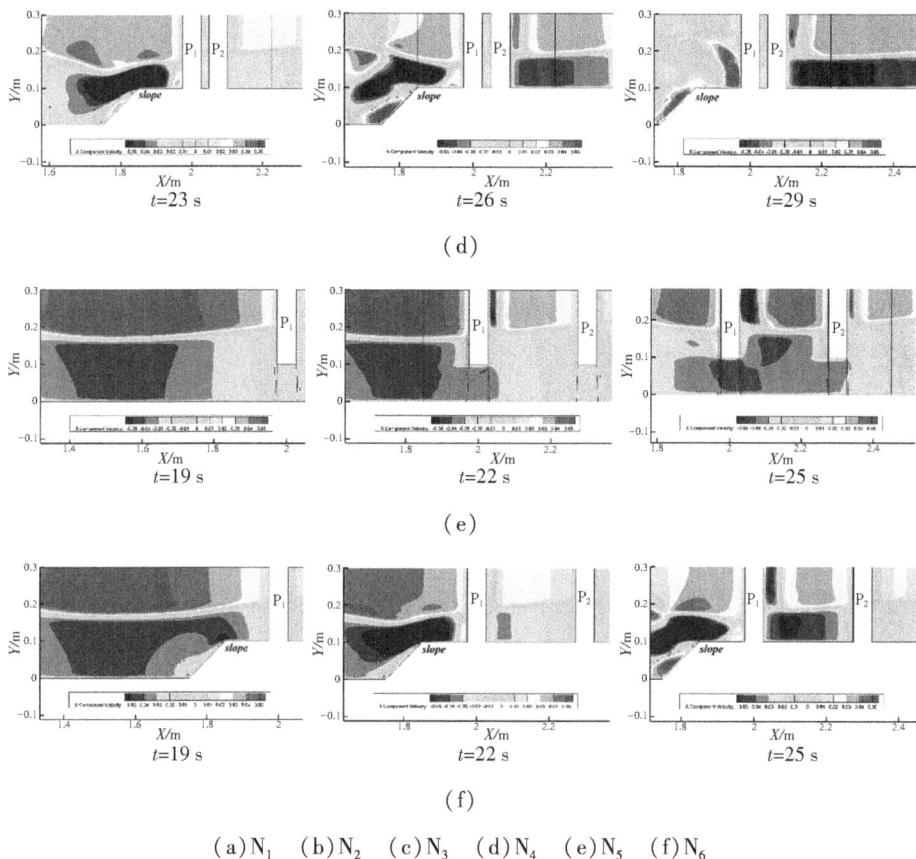

图 5.10　柱周顺波方向的速度场分布图

为了分析不同工况下内波传播至柱体的顺波向流速场,我们对比了内波在不同时刻的流速场云图。在极大值前 6 秒,内波刚接触岸坡,此时还处于传播的阶段,受到地形的影响较小,可作为对照工况。然而,随着内波传播至极大值前 3 秒,内波已到达岸坡平台,与岸坡的相互作用显著增强了下层流体的流速。这一变化使得与对照工况相比,岸坡前端的内波下层流速显著增加。进一步观察图 5.10(a)、图 5.10(c)和图 5.10(e),可以发现岸坡地形导致上层流速明显减小。这一现象表明,岸坡地形使得柱体上部分的顺波向水平力减小,而下部分逆波向水平力增大,从而导致柱体在岸坡地形上的水平合力峰值为负,进一步证实了岸坡地形对内波传播和柱体受力的影响。

5.3　本章小结

　　本章选取六种常见地形作为研究对象,分别用柱体无量纲水平合力历时曲线、水平合力的垂向分布对比图、柱周压强对比图、柱周涡量图、流速场图揭示了岸坡地形对内波传播及对柱体的受力特性影响。

　　(1)在内波传播过程中,岸坡地形对内波造成了剧烈的影响。这一过程加快了岸坡平台上方内波下层流体的流速,对柱体下部造成了强烈的冲击,使其承受着比平坡地形工况更大的水平作用力。

　　(2)下层流体与坡面形成漩涡减缓了内波上层的流速。内波在岸坡地形上传播的过程中增强了下层流体,并且在地形的共同作用下,形成了岸坡地形迎流坡面上的漩涡。

　　(3)相较于平坡地形工况,内波在岸坡地形传播时与地形之间的相互作用使得柱体周围的流场变得更加错综复杂。特别地,在柱体底部,柱体受到更为激烈的冲击,而下游柱的出现使柱间扰动更加强烈、流场更加复杂。

第六章　岸坡地形上单柱受力敏感性因素分析

在岸坡地形下,需要探究影响墩柱受力的敏感性因素,其目的是更好地为水下柱状结构物的设计与保护提供支持。本章将选取第四章中工况 N_4 的平顶岸坡地形模型,探究内波波幅变化、墩柱与前坡距离、墩柱半径对墩柱受力的影响。

6.1　地形作用

6.1.1　工况设置

工况设置如表 6.1 所示。表中 C_1 工况为平坡地形数值模型,C_2 工况为平顶岸坡地形数值模型,模型概念图如图 6.1 所示。这两种地形模型在前文中也有介绍,为了更好表达分析,本章节中对其重新定义。本小节设置五个对照组总计 10 个工况,每个对照组包括一个平坡地形模型工况 C_1 与一个平顶岸坡模型工况 C_2,利用重力塌陷法制造五种不同的波幅分别对应五个对照组。设置的波幅可以分为小波幅、中等波幅、大波幅三类。在本节的对照组中,第一组与第二组对照工况中内波的波幅为小波幅,第三组与第四组对照工况中内波的波幅为中等波幅,第五组对照工况中使用的波幅为大波幅,具体波幅大小与工况设置如表 6.1 所示。

表 6.1　不同地形下对比工况设置

序号	工况	h_1/h_2	η_0/H	$C_{Fn-\max}$	$R_{Fn-\max}$
第一组对照工况					
1	C_1-1	0.33	0.0265	0.0245	
2	C_2-1	0.33	0.0265	0.0202	16.6%
第二组对照工况					
3	C_1-2	0.33	0.0384	0.0428	
4	C_2-2	0.33	0.0384	-0.0353	16.5%

续表 6.1

序号	工况	h_1/h_2	η_0/H	C_{Fn-max}	R_{Fn-max}
第三组对照工况					
5	C_1-3	0.33	0.0494	0.0664	
6	C_2-3	0.33	0.0494	-0.0562	13.9%
第四组对照工况					
6	C_1-4	0.33	0.0565	0.0856	
8	C_2-4	0.33	0.0565	-0.0653	12.1%
第五组对照工况					
9	C_1-5	0.33	0.0664	0.132	
10	C_2-5	0.33	0.0664	-0.0864	33.3%

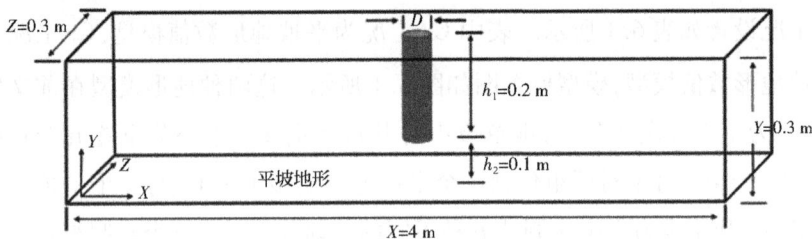

（a）

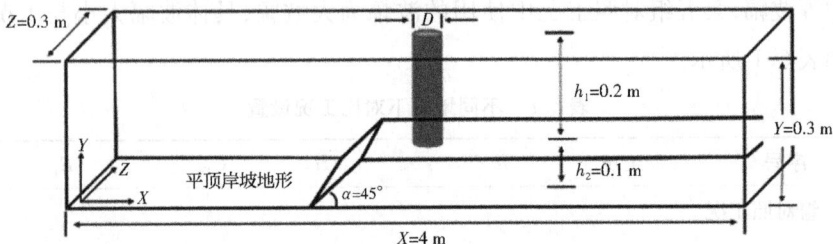

（b）

（a）C_1　（b）C_2

图 6.1　工况数值水槽示意图

6.1.2　墩柱受力特性分析

应用百分比参数 $R_{Fn-\max}$ 来指定情况 C_1 和情况 C_2 之间的 $C_{Fn-\max}$ 差异,该表达式可以定义如下:

$$R_{Fn-\max} = \frac{(C_{Fn-\max})_{C_1} - |(C_{Fn-\max})_{C_2}|}{(C_{Fn-\max})_{C_1}} \qquad (6-1)$$

其中 $(C_{Fn-\max})_{C_1}$ 和 $(C_{Fn-\max})_{C_2}$ 分别是在 C_1 地形下和 C_2 地形下内波作用在墩柱上的水平合力的最大值。

对照组一、二两组工况中使用小波幅内波与地形相互作用,此时在地形的影响下墩柱的水平受力曲线发生了变化,岸坡地形中,当内波传播抵达墩柱周围水域时,墩柱 $C_{Fn-\max}$ 在方向上出现由正变负的现象。图 6.2(a)第一组对照工况中,C_1 工况 $C_{Fn-\max}=0.0245$,C_2 工况 $C_{Fn-\max}=0.0202$,此时平坡地形与岸坡地形 $C_{Fn-\max}$ 均为正值,在此作用强度下 $R_{Fn-\max}=17.6\%$。虽然本对照组中工况 C_2 的墩柱 $C_{Fn-\max}$ 为正值,但是值得注意的是在此之前墩柱受力曲线图中 C_{Fn} 轴上出现了一个负向的波峰,说明此时内波与地形相互作用还是会使墩柱受到与内波传播方向相反的水平作用力,但是此时地形对内波传播的影响还不能够使墩柱 $C_{Fn-\max}$ 值在方向发生变化。在图 6.2(b)第二组对照工况中,C_1 工况 $C_{Fn-\max}=0.0428$,C_2 工况 $C_{Fn-\max}=-0.0353$,此时岸坡地形与内波相互作用导致墩柱受力最不利时刻的 C_{Fn} 值与平坡工况在方向上相反,岸坡地形上墩柱受到了较大的与内波传播方向相反的水平作用力,地形与内波相互作用程度较第一组工况增强导致岸坡地形上墩柱 $C_{Fn-\max}$ 值在方向与平坡地形不同,此对照组中 $R_{Fn-\max}=17.5\%$。

对照组三、四两组为中等波幅与地形相互作用,此时内波环境中岸坡地形下墩柱 $C_{Fn-\max}$ 均为负值,在 C_{Fn} 轴上出现了较为明显的负向受力波峰。在图 6.2(c)第三组对照工况中,C_1 工况 $C_{Fn-\max}=0.0664$,C_2 工况 $C_{Fn-\max}=-0.0572$,此对照组中不同地形下 $R_{Fn-\max}=13.9\%$。此时由于内波与地形的相互作用,完全改变了墩柱的受力特性,墩柱会受到一股与内波传播方向相反的水平作用力,与平坡地形情况下截然相反。图 6.2(d)第四组对照组中 C_1 工况 $C_{Fn-\max}=0.0857$,C_2 工况 $C_{Fn-\max}=-0.0753$,此对照组中 $R_{Fn-\max}=12.1\%$。墩柱受力特性与第三组对照工况中相似,但是 $R_{Fn-\max}$ 仍在不断减小。

第五组对照组中为大波幅内波与地形相互作用,此时岸坡地形下墩柱 C_{Fn-max} 值仍是负值,与平坡地形情况相反。图 6.2(e)第五对照工况中,C_1 工况 $C_{Fn-max} = 0.132$,C_2 工况 $C_{Fn-max} = -0.0864$。可以看到内波波幅增大到 0.0674 时,内波与地形相互作用变得更强,不同地形下墩柱 C_{Fn-max} 的变化率突然增大到 33.3%,$R_{Fn-max} = 33.3\%$。从图 6.4(e)中可以看到 C_2 工况中内波在传播过程中受到了较为显著干扰,此时内波与地形间的相互作用较强,内波在浅化过程中加强的下层流体对内波上层流体造成了冲击,对内波存在一个抬升的现象。在一些学者的研究中也阐述过这种现象[68],由于浅水作用加强的内波下层流体对内波传播过程存在明显的影响,导致岸坡地形下墩柱受力最不利时刻 C_{Fn} 的值相对平坡地形下变化较大。

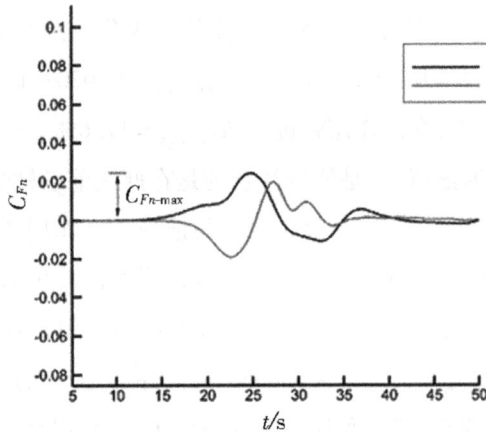

(a)

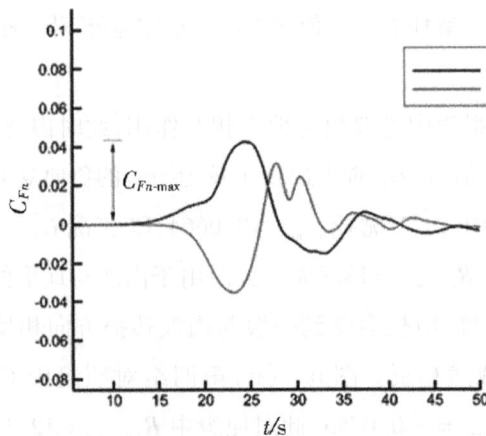

(b)

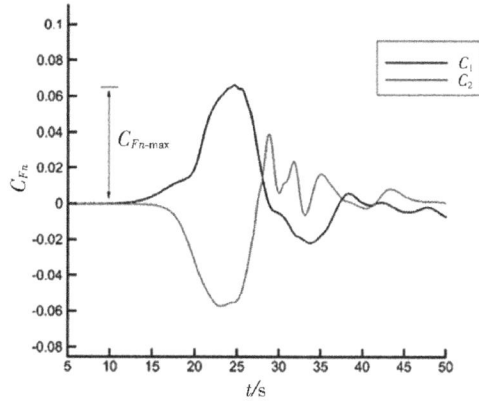

（c）

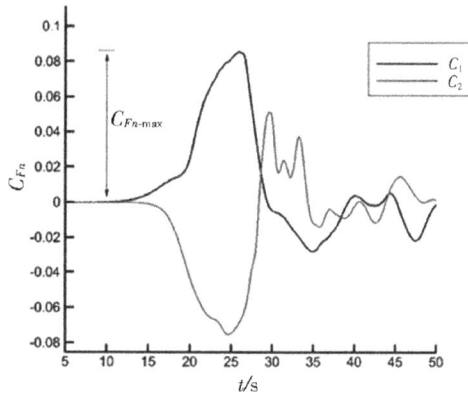

（d）

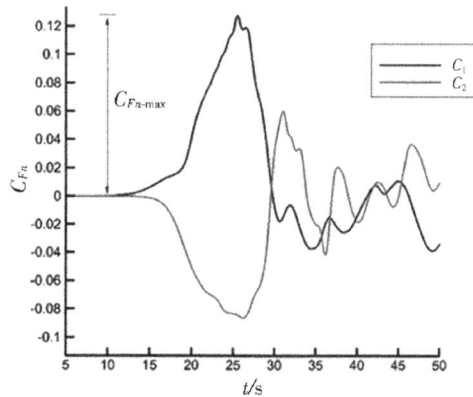

（e）

（a）第一组对照工况　　（b）第二组对照工况　　（c）第三组对照工况
（d）第四组对照工况　　（e）第五组对照工况

图 6.2　各对照工况墩柱 C_{Fn} 随时间 t 的变化过程

综上所述,由小波幅内波向中等波幅转变的过程中,随着波幅的增大,内波与地形间相互作用也在不断增大,不同地形下墩柱受力最不利时刻的变化率在减小,其中最相近处出现在第四组对照工况中,此时 $R_{Fn-max}=12.1\%$;当内波波幅为大波幅时,不同地形墩柱受力最不利时刻 C_{Fn} 的值相较于之前对照工况存在较大变化,这是因为内波与地形间的强相互作用干扰了内波的传播。可以看到,不同地形下墩柱受力最不利时刻的变化率并不是随着内波与地形间的相互作用的增大而增大的,当内波与地形间的相互作用较强时会影响内波的波形与传播[89],导致不同地形间墩柱受力最不利时刻数值的差异。

6.1.3　流场分析

图 6.3 为五组工况中岸坡地形墩柱受力最不利时刻的流场图,可以看到随着波幅的增大,内波与地形间的相互作用也会不断增大,内波与地形相互作用会在岸坡坡面处形成涡旋。同时还可以看到,随着内波与地形相互作用的增强,各工况岸坡坡面处涡旋出现了明显的差异,小波幅内波与地形相互作用的 C_2-1、C_2-2 工况中只存在一个涡旋并且规模较小,在中等波幅与地形相互作用的 C_2-3、C_2-4 工况中岸坡坡面工况规模更大,在 C_2-4 工况中出现了两个明显的涡旋,这说明在大波幅与地形相互作用工况中这种现象更加明显。可以看到内波与地形间相互作用强度的增大不仅会使墩柱下部分受到较强的水平作用力,还会使岸坡前坡面周围水域的流场变得更加复杂,进而影响墩柱的受力。

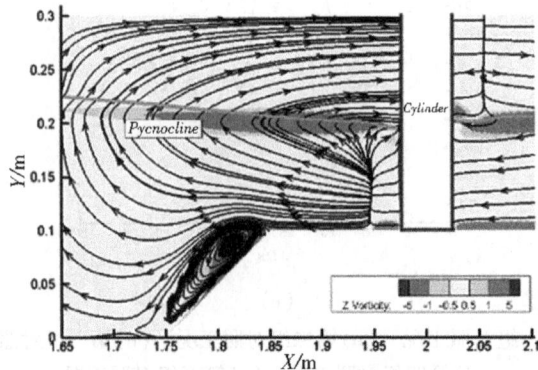

(a)

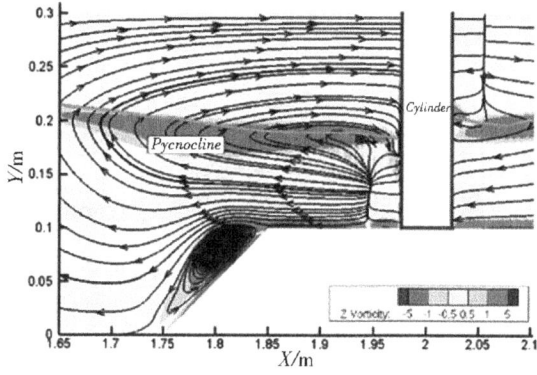

（b）

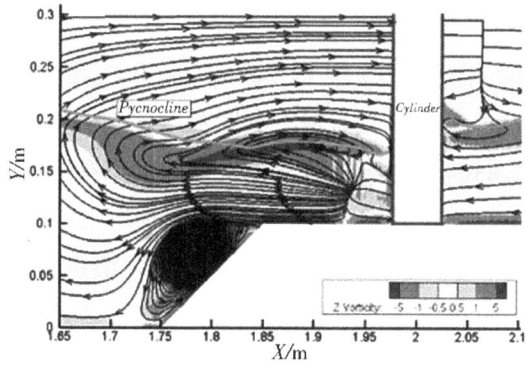

（c）

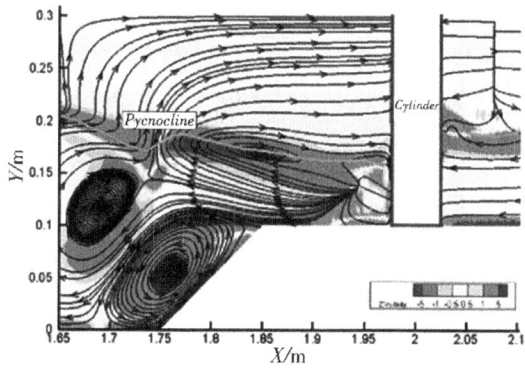

（d）

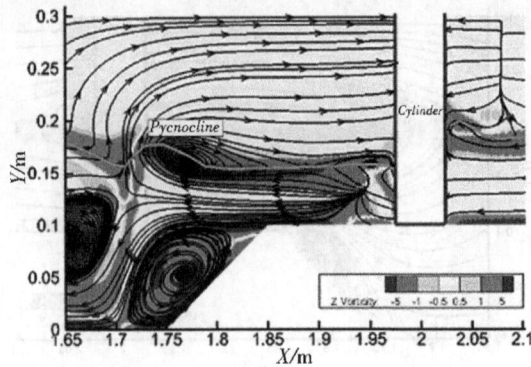

（e）

（a）C_2-1　（b）C_2-2　（c）C_2-3　（d）C_2-4　（e）C_2-5

图6.3　$C_{Fn}=C_{Fn-max}$时刻,岸坡地形各工况 Y 方向流场分布图

在大波幅与地形相互作用工况 C_2-5 中可以看到,地形对墩柱受力造成了较大的影响,岸坡地形下墩柱受力最不利时刻的 C_{Fn} 值比平坡地形情况下大。造成这种现象的原因我们可以从图6.4中分析。从图6.4中可以看到,随着内波波幅的增大,在传播至地形时内波波形受到干扰发生了较为显著变化,在图6.4(e)中可以明显看到一个内波被抬升的现象。之前也有学者对这种现象进行研究,内波在浅化过程中与地形有较强的相互作用,岸坡平台上内波前段透射波加强的下层流体会对后续内波的传播造成一定的影响,将后续内波抬升甚至发生极性的翻转[94]。正是内波波致流与地形的强相互作用,造成了不同地形上墩柱受力的差异。

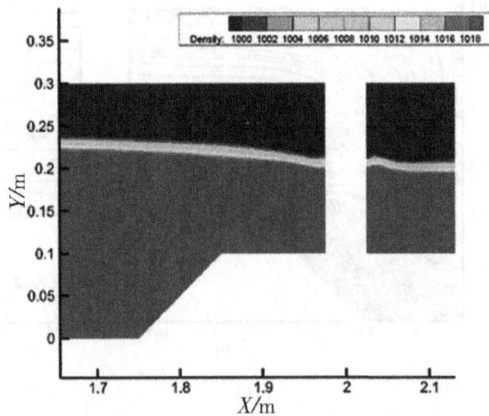

（a）

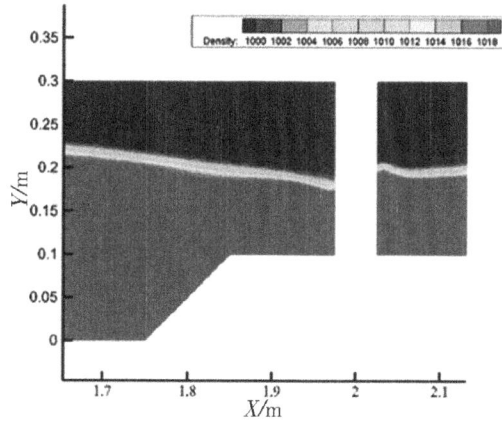

（b）

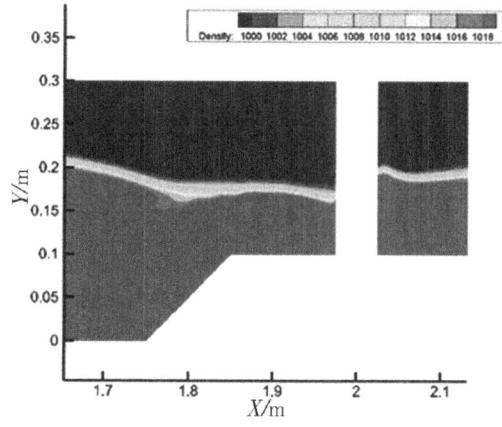

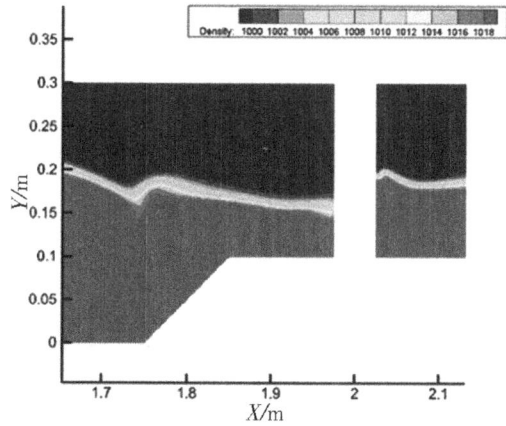

（d）

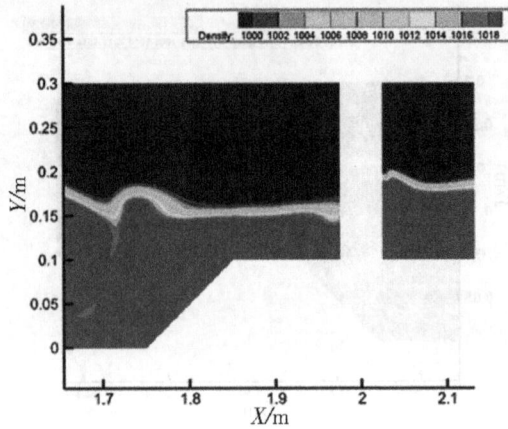

(e)

(a)C_2-1　(b)C_2-2　(c)C_2-3　(d)C_2-4　(e)C_2-5

图6.4　岸坡地形工况 $C_{Fn}=C_{Fn-\max}$ 时刻密度云图

6.2　墩柱与前坡距离

6.2.1　工况设置

本小节选取平顶岸坡地形构建三维数值水槽,概念图如图6.5所示。改变墩柱与前坡距离设置四组工况,如表6.2所示。其中 h_0 定义为墩柱圆心位置距离岸坡前坡的距离,上下水深比设置为 $h_1/h_2=0.33$,重力塌陷制造波幅 $\eta_0/H=0.494$。

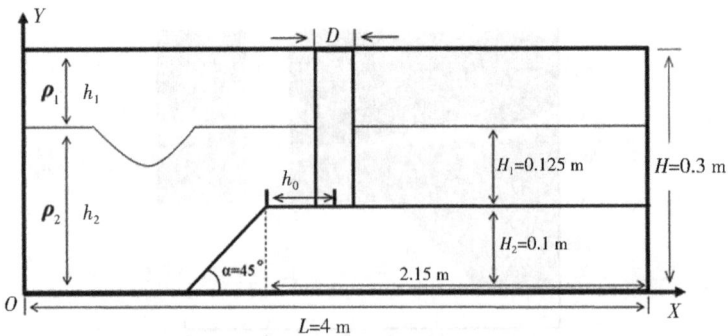

图6.5　平顶岸坡地形概念图

表6.2　工况设置

工况	h_1/h_2	η_0/H	η_0/H	C_{Fn-max}
1	0.33	0.05	0.0494	−0.0786
2	0.33	0.15	0.0494	−0.0572
3	0.33	0.25	0.0494	−0.0428
4	0.33	0.35	0.0494	−0.0392

6.2.2　墩柱受力特性分析

改变了墩柱与前坡之间的距离后,由图6.6可知墩柱上的水平受力发生了明显的改变。由于墩柱底面圆心的 X 坐标不断增大,内波传播抵达墩柱的时间会越来越晚,图6.6中也可以看到工况1至工况4墩柱 C_{Fn} 轴上出现数值的时间 t 值越来越大。四组工况中,工况1中墩柱受力最不利时刻的 C_{Fn} 值在四组工况中最大,此时 $T=21$ s,$C_{Fn-max}=-0.0786$;工况4中墩柱受力最不利时刻的 C_{Fn} 值在四个工况中最小,此时刻 $T=27$ s,$C_{Fn-max}=-0.0392$。还可以看到随着墩柱与前坡距离不断增大,墩柱受力最不利时刻的 C_{Fn} 值也在不断变小。图6.6中可以看到四个工况中墩柱受力最不利时刻 C_{Fn} 值与墩柱距前坡的距离之间是负相关的关系。

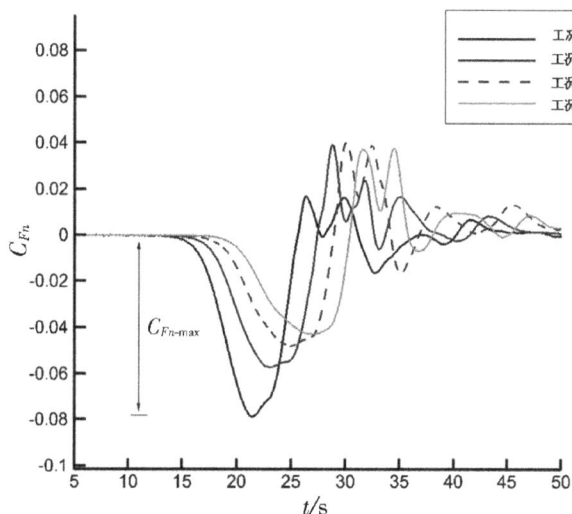

图6.6　墩柱与前坡距离不同各工况受力曲线图

图6.7中为各工况中墩柱受力最不利时刻分层受力图。从图中可以看到，各工况中墩柱下部分均受到了较强的水平作用力且与内波传播方向相反，这也与上个章节中分析的相同，浅水作用加强了内波的下层流体，对墩柱下部造成相对平坡地形更大的冲击。对比四组工况，工况1墩柱下部分所受 C_f 值明显大于其他工况，同时可以看到随着墩柱与前坡距离的增加，墩柱下部分所受 C_f 值也在不断减小，但是总体比墩柱上部分 C_f 值大。可以看到，当墩柱与前坡的距离越近，墩柱受到内波波致流带来的水平作用力的侵害越明显。在墩柱上、下部分分别取 $H=0.26$ m、$H=0.14$ m 截面柱周压强分布，如图6.8所示。可以看到，不论是在墩柱上部分或是在墩柱下部分，柱体迎流面与背流面压强分布规律是相同的，在墩柱上部分迎流面周围压强较大，而在下部分墩柱背流面周围压强较大；但是也可以看到，随着墩柱距离前坡距离的增大，柱周压强在明显减小，墩柱周围压强与岸坡前坡距离间有负相关的关系。

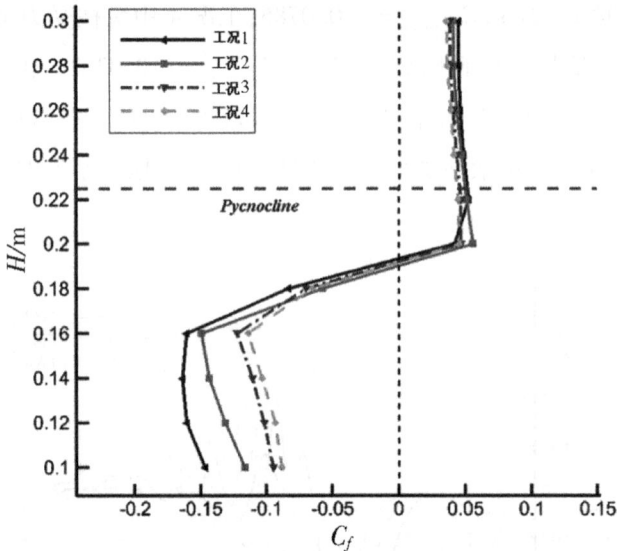

图6.7　$C_{Fn}=C_{Fn-max}$ 时刻，各工况墩柱分层水平受力图

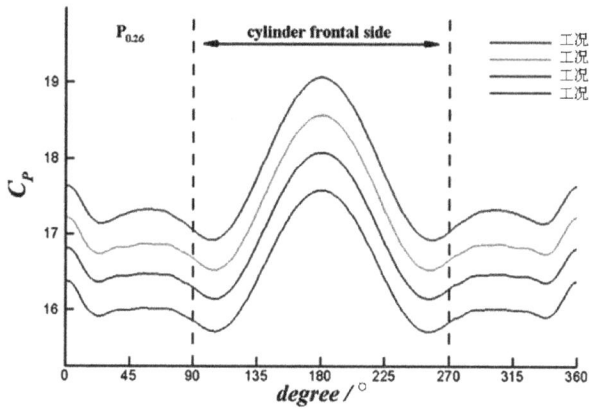

（a）

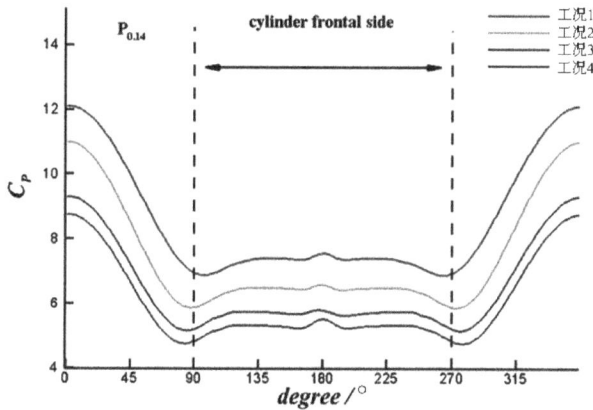

（b）

（a）$H=0.26$ m （b）$H=0.14$ m

图6.8 各工况柱周压力对比图

6.2.3 流场分析

前文提到内波传播至岸坡地形时的浅水作用会在一定程度上削弱内波上层流体流速。改变墩柱在平坡的位置,同样改变了内波传播至柱体周围的时间。在岸坡地形下,内波从刚到达地形到在岸坡平台上传播是一个持续浅化的过程,在这个过程中内波所带来的波致流流速在不断缩减——无论是内波上层流体流速还是下层流体流速。图 6.9 中提取了墩柱受力最不利时刻 X 方向流速的分层分布图,可以看到流速的最大值出现在工况 1 中,且出现在墩柱的下部分。随着内波沿岸坡地形上传播,墩柱上下层流速均出现了减小,也就是说内波在与地形相互作用的过程中上下层的流速都会相应地减小,墩柱越远离岸坡的前坡,墩柱受到波致流带来的水平力作用越小。

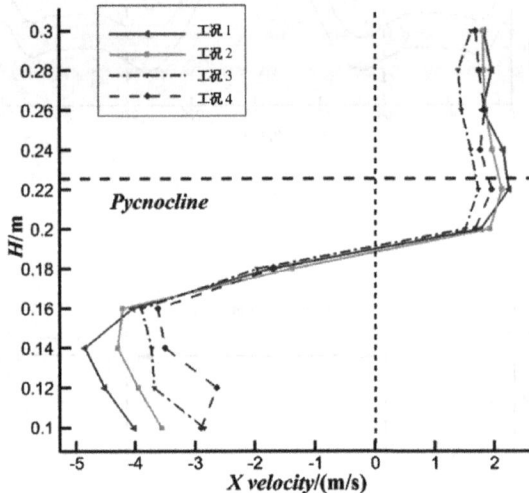

图 6.9   各工况分层流速分布图

我们提取了四种工况墩柱受力最不利时刻柱周的流场分布图,如图 6.10 所示。在图 6.10(a)中,内波抵达地形区域与地形发生相互作用,并未在岸坡地形前坡面形成涡旋,但是在上一小节中我们可以看到,工况 1 墩柱 C_{Fn-max} 值在几组工况中是最大的,并且受力主要位置在墩柱下部分,受力方向与内波传播方向相反。由此可知,此时已经产生浅水作用,岸坡平台上存在一股流速加强的与内波传播方向相反的流体,可以得出内波前部分率先传播至岸坡平台的透射波激发了这股流体,因为墩柱距离前坡坡面比较近,浅化作用发生后随即内波主流就到墩柱,所以在前坡面形成涡旋。可以看到此时工况 1 的 C_{Fn-max} 值是最大的,这说明浅水作用增强的下层流体更强、对墩柱造成的侵害更大。我们可以得到墩柱距离岸坡前坡越近,内波与地形相互作用发生浅水作用对墩柱受力造成的影响越大。原因可能是内波无论是在无地形情况下还是在有地形情况下传播都会有不断衰减的现象,墩柱距离前坡越近,内波传播导致的衰减和与地形相互作用造成的衰减越小,发生浅水作用增强导致内波下层流体流速更大,对墩柱造成的侵害就越大。图6.10(b)中内波传播过程中发生浅水作用,同时地形、浅水作用增强的内波下层流体与内波相互作用在岸坡坡面形成涡旋,随着内波传播与地形继续作用,墩柱所受水平力减小。图6.10(c)、图6.10(d)中内波在岸坡平台上继续传播,墩柱所受作用力进一步减小。

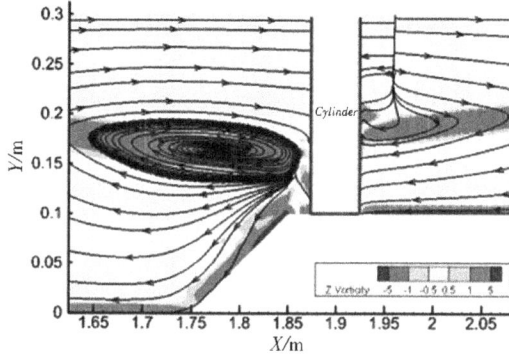

(a)

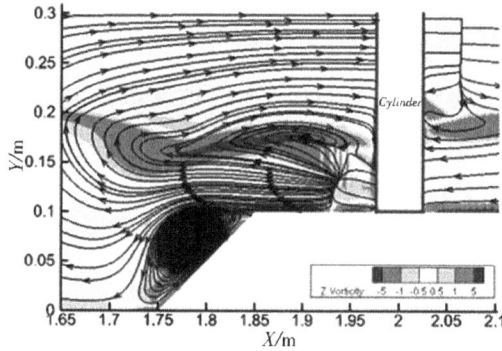

(b)

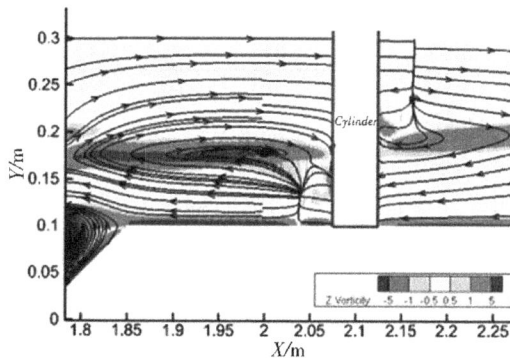

(c)

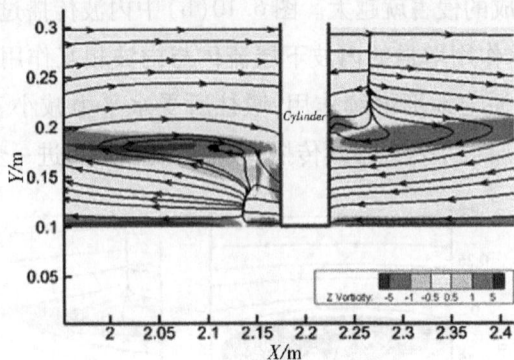

(d)

(a) 工况 1　(b) 工况 2　(c) 工况 3　(d) 工况 4

图 6.10　各工况柱周流场图

6.3　墩柱半径

6.3.1　工况设置

选取平顶岸坡地形构建三维数值水槽。改变墩柱半径设置四组工况,具体参数设置如表 6.3 所示。表中半径为墩柱的半径,上下水深比设置为 $h_1/h_2 = 0.33$,重力塌陷制造波幅 $\eta_0/H = 0.494$。

表 6.3　工况设置

工况	h_1/h_2	η_0/H	η_0/H	$C_{Fn-\max}$
1	0.33	0.02	0.0494	-0.0405
2	0.33	0.025	0.0494	-0.0572
3	0.33	0.03	0.0494	-0.0783
4	0.33	0.035	0.0494	-0.107
5	0.33	0.04	0.0494	-0.145

6.3.2　墩柱受力特性分析

图 6.11 为不同半径墩柱受水平力随时间变化图。从图中可以看出,在波幅相同的情况下,随着墩柱半径的增大墩柱受力最不利时刻 C_{Fn} 的值也在不断增大。图中还可以看到,随着墩柱半径的增大,墩柱受力最不利时刻出现的时间也出现了提前的现象。图 6.12 为 $C_{Fn} = C_{Fn-\max}$ 时刻墩柱分层受力图,可以看到此时的墩柱下部分受力明显大于墩柱上部分,同时下部分墩柱受力的变化幅

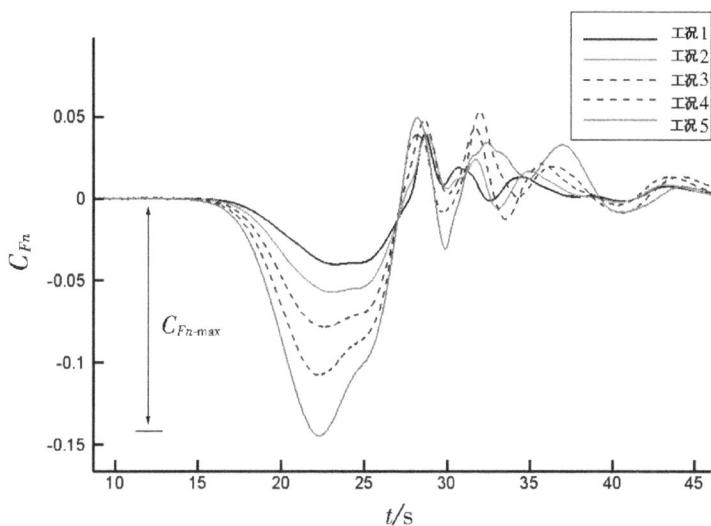

图 6.11　墩柱半径不同各工况受力变化图

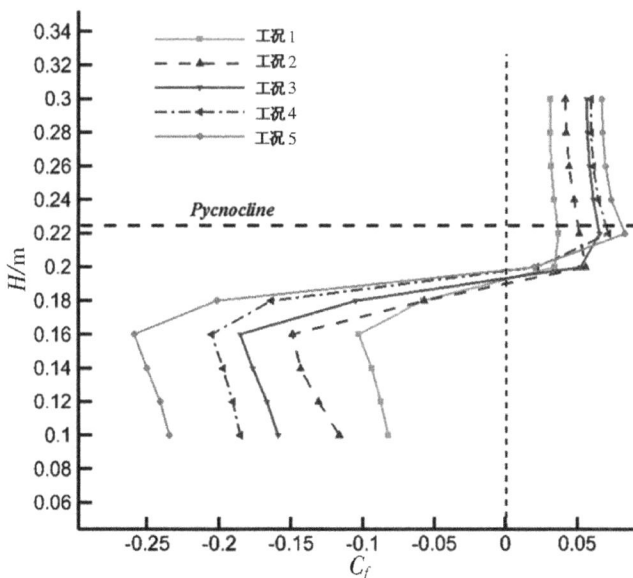

图 6.12　$C_{Fn} = C_{Fn-\max}$ 时刻,墩柱半径不同各工况分层受力图

度随着半径的增大相比墩柱上部分变化幅度更大。结合图 6.12,我们可以看到,随着墩柱半径的增大,墩柱下部分的受力会明显增大,同时墩柱受力最不利时刻作用力方向与内波传播方向相反。墩柱半径的增大会导致墩柱表面积的

增大,在公式(3-1)中我们可以看到迎流面积 A 增大,在水深不变的情况下,只有 F_n 增大且增大幅度大于迎流面积的增大幅度,墩柱上的 C_{Fn} 值才会发生增大的变化。本试验工况中,墩柱半径的不断增大并没有显著影响内波的传播,改变内波与地形相互作用的强度,所以墩柱半径越大,墩柱上的 C_{Fn} 值才会变大。还可以看到,从工况 1 到工况 5,墩柱受力最不利时刻到来的时间,即 t 的值有变大的趋势,这可能是墩柱半径的增大导致墩柱与内波波致流发生接触的时间节点提前,导致墩柱受力最不利时刻到来的时间点上有略微的不同。总的来说,随着半径的增大,墩柱受力会随之增大,尤其体现在墩柱的下部分,同时墩柱受力最不利时刻的时间点也会提前到来。

6.3.3 流场分析

图 6.13、图 6.14 分别为 $H=0.26$ m 与 $H=0.14$ m 截面处柱周涡量图。在图 6.13 中可以看到,半径不同的墩柱背流面处的涡量面积存在明显的差异。半径增大后墩柱迎流面显著增大,但是内波波幅恒定,内波传播过程中的波致流对墩柱的冲击就会发生变化,进而导致涡量的差异;图 6.14 中出现了同样的现象,因为内波波幅恒定,与地形间相互作用的强度也是一定的,而墩柱的半径增大,墩柱迎流面与背流面的面积会发生变化,同样会导致涡量的差异。这与上一小节的分析是相契合的,墩柱半径的增大并没有显著影响内波的传播和内波与地形间的相互作用。

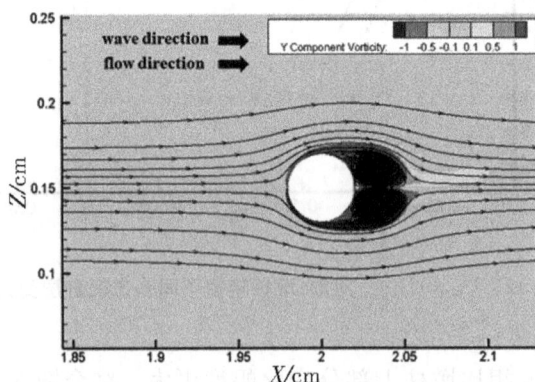

(a)

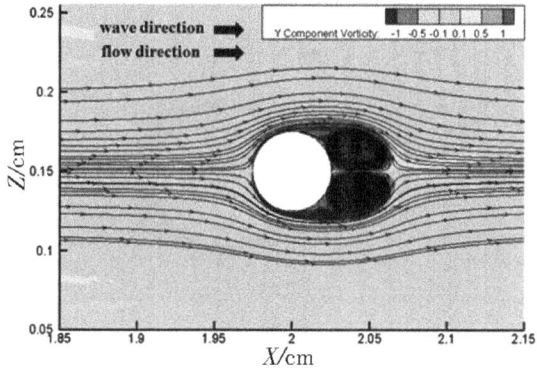

（b）

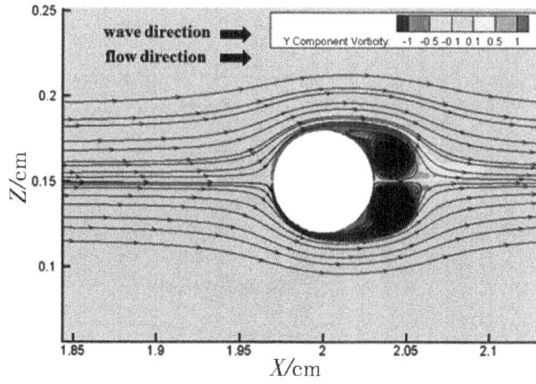

（c）

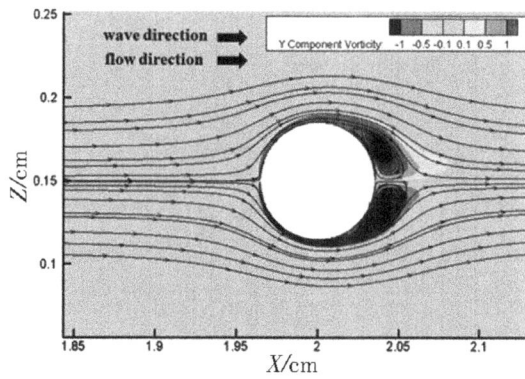

（d）

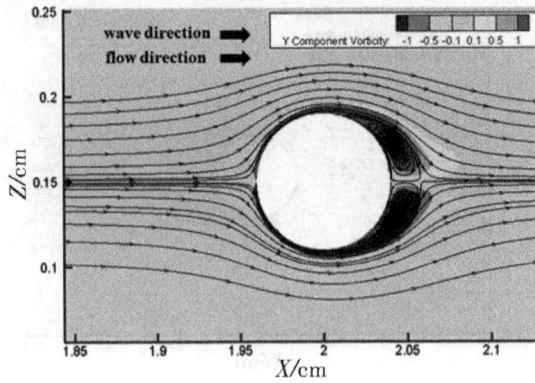

(e)

(a)工况1 (b)工况2 (c)工况3 (d)工况4 (e)工况5

图 6.13 $C_{Fn} = C_{Fn-max}$ 时刻,$H = 0.26$ m 处柱周涡量图

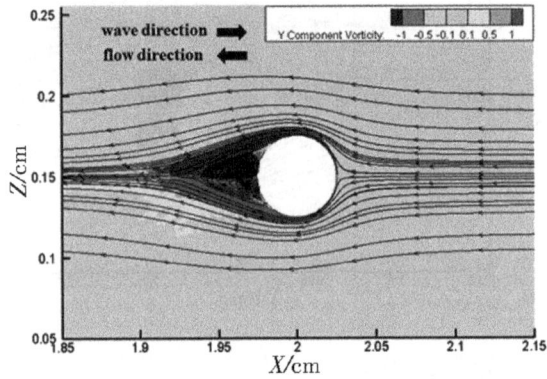

(a)

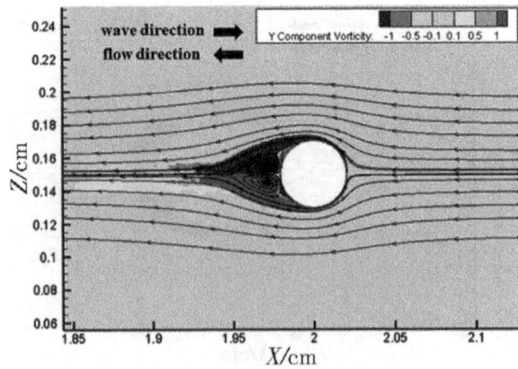

(b)

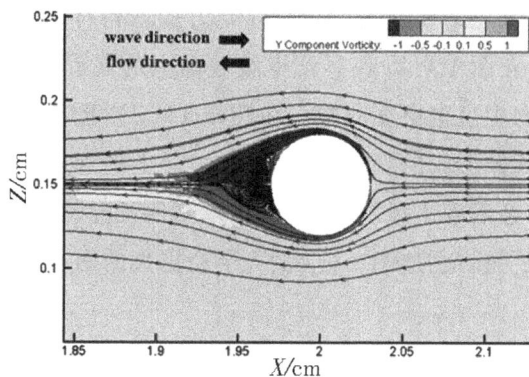

（c）

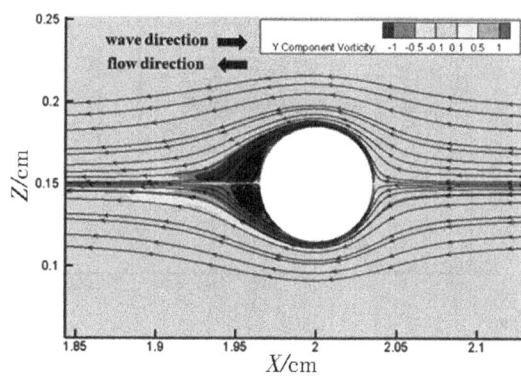

（d）

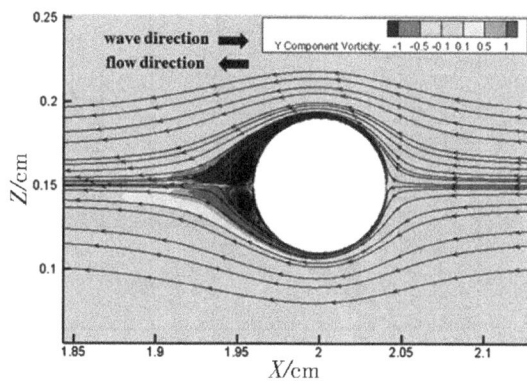

（e）

（a）工况 1　（b）工况 2　（c）工况 3　（d）工况 4　（e）工况 5

图 6.14　$C_{Fn}=C_{Fn-\max}$ 时刻，$H=0.14$ m 处柱周涡量图

图 6.15 为从工况 1 到工况 5 的墩柱受力最不利时刻柱周流场图。随着墩柱半径的增大,在图中可以观察到岸坡坡面上的涡旋规模发生了变化,同时可以看到内波的主流也更加完整。在图 6.14(d)、图 6.14(e)中可以明显看到内波上下层流体形成的涡旋,此时岸坡坡面上的涡旋相比其他工况中较小,内波与地形已经发生了浅水作用,但相较其他工况发生时间更早,内波与浅水作用的强度更强。在这两个前提下,半径更大的墩柱会承受更大的水平作用力。

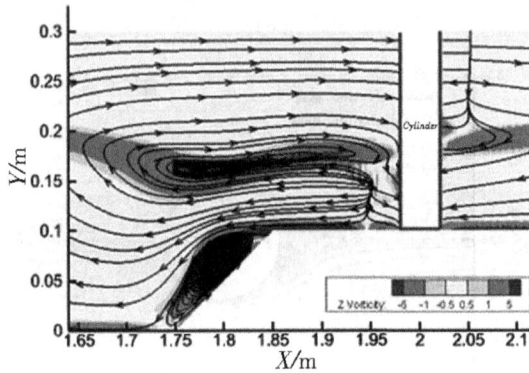

(a)

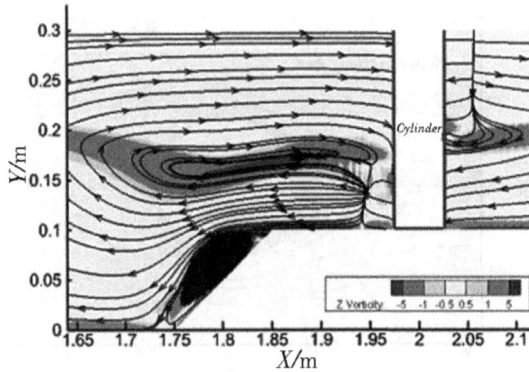

(b)

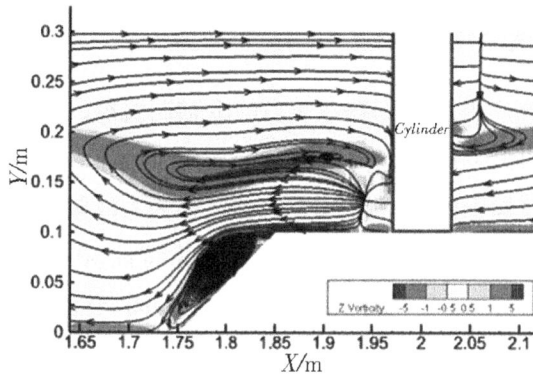

（c）

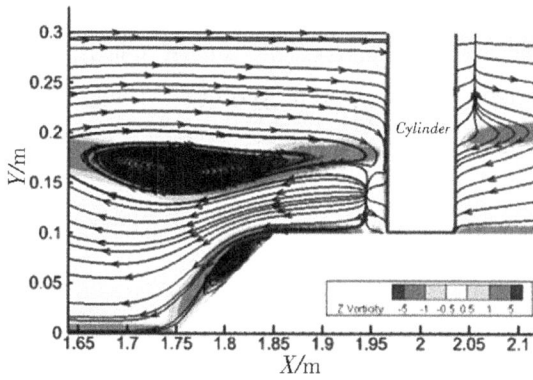

（d）

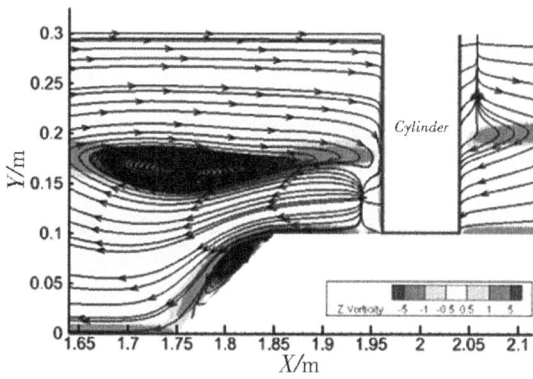

（e）

（a）工况 1 （b）工况 2 （c）工况 3 （d）工况 4 （e）工况 5

图 6.15 $C_{Fn} = C_{Fn-\max}$ 时刻柱周流场图

6.4　本章小结

　　本章主要探究岸坡地形下墩柱受力的敏感性因素,包括内波波幅变化、墩柱与前坡距离、墩柱半径变化对墩柱受力特性的影响。设置内波波幅为小波幅、中等波幅、大波幅三种,研究表明在内波波幅为大波幅时与地形间相互作用较强,显著影响了内波的传播进而影响墩柱受力特性,在内波波幅未达到大波幅时,随着内波波幅的增大,平坡地形与岸坡地形间墩柱受力最不利时刻数值间的变化不断减小。内波在岸坡地形的传播中与地形的相互作用会导致内波上下层流体的流速不断减小,故墩柱距离岸坡前坡距离越远,墩柱所承受波致流带来的水平力的冲击越小;墩柱距离岸坡前坡越近,墩柱所受的水平作用力越大;当波幅一定时,墩柱受力会随墩柱半径的增大而增大,墩柱受力的变化幅度也会随着半径的增大而增大,尤其体现在墩柱的下部分,同时墩柱受力最不利时刻的时间点也会提前到来。

第七章　岸坡地形上串列双柱受力敏感性因素分析

7.1　柱间距(L/D)对串列双柱的力学规律及流场特征的影响

7.1.1　柱间距(L/D)对上游柱 P_1 的影响

图 7.1 给出了 9 组不同柱间距 L/D 工况上游柱 P_1 受到无量纲水平作用力 C_{Fn} 的历时曲线,内波的波幅 $\eta_0/H = 0.057$。如图所示,柱体所受的水平作用力随时间不断增大,且 9 种工况对应受力曲线的变化趋势总体一致。当 $L/D < 3.0$ 时,柱体 P_1 所受的 C_{Fn-max} 在 $L/D = 1.5$ 时达到最大。当 $3.0 \leqslant L/D \leqslant 6.0$ 时,P_1 各历时曲线十分接近,柱体所受 C_{Fn-max} 随着 L/D 的变化差别非常小。结果表明,$L/D = 3.0$ 可被定义为临界间距 Lc/D,当 $L/D < Lc/D$ 时,柱间相互扰动强烈,当 $L/D \geqslant Lc/D$ 时,柱间相互扰动逐步减弱,且两柱间距足够远时,P_1 受力情况恢复到单柱受力情况。下面将具体对比各种柱间距工况下单柱(SC)和串列双柱中上游柱 P_1 的流场和压强分布,以揭示 P_1 在分层强剪切环境中的受力机理。具体工况设置见表 7.1。

表 7.1　工况设置

序号	工况	h_1/h_2	η_0/H	L/D	$+C_{Fn-max}(P_1)$
1	岸坡地形单柱模型(C_1)	0.33	0.057	—	0.0512
2	岸坡地形串列双柱模型(C_2)	0.33	0.057	1.5	0.1575
3	岸坡地形串列双柱模型(C_3)	0.33	0.057	2.0	0.1556
4	岸坡地形串列双柱模型(C_4)	0.33	0.057	2.5	0.0929
5	岸坡地形串列双柱模型(C_5)	0.33	0.057	3.0	0.0511
6	岸坡地形串列双柱模型(C_6)	0.33	0.057	3.5	0.0482
7	岸坡地形串列双柱模型(C_7)	0.33	0.057	4.0	0.0470
8	岸坡地形串列双柱模型(C_8)	0.33	0.057	5.0	0.0440
9	岸坡地形串列双柱模型(C_9)	0.33	0.057	6.0	0.0494

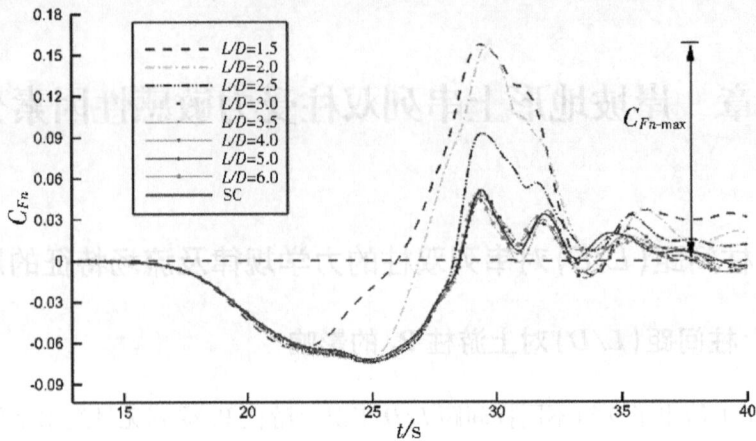

图7.1 各工况下 C_{Fn} 历时曲线对比图(上游柱 P_1)

7.1.1.1 $L/D = 1.5$

图7.2展示了 SC 和 $L/D = 1.5$ 的工况下, P_1 无量纲水平力系数 C_f 的垂向分布情况。在上层水体中, P_1 和单柱所受 C_f 几乎相同,而在下层水体中, P_1 所受 C_f 明显大于单柱,导致 P_1 所受水平合力 C_{Fn} 更大。因此,当 $L/D = 1.5$ 时,主要探讨柱体下部分的受力特性。下面将通过对比 $Y = 0.26$ m 及 $Y = 0.16$ m 处的流场特性和柱周压强分布,进一步分析 P_1 受力机理。

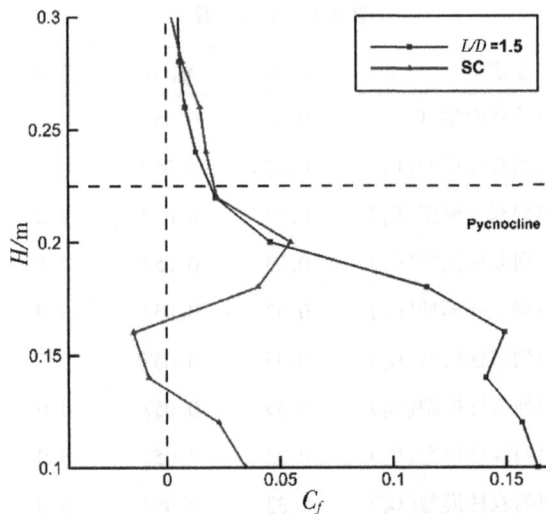

图7.2 $C_{Fn} = C_{Fn-max}$ 时刻,单柱与 P_1 分层水平合力对比图

对于柱体下部分,由图 7.3(a)和 7.3(b)所示的涡量图可知:当 $L/D = 1.5$ 时,两柱之间的扰动非常强烈,P_1 背流面的漩涡发展受到抑制。由于 P_2 存在而引起的漩涡对 P_1 后方涡区的影响显然会改变 P_1 周围的流场分布。

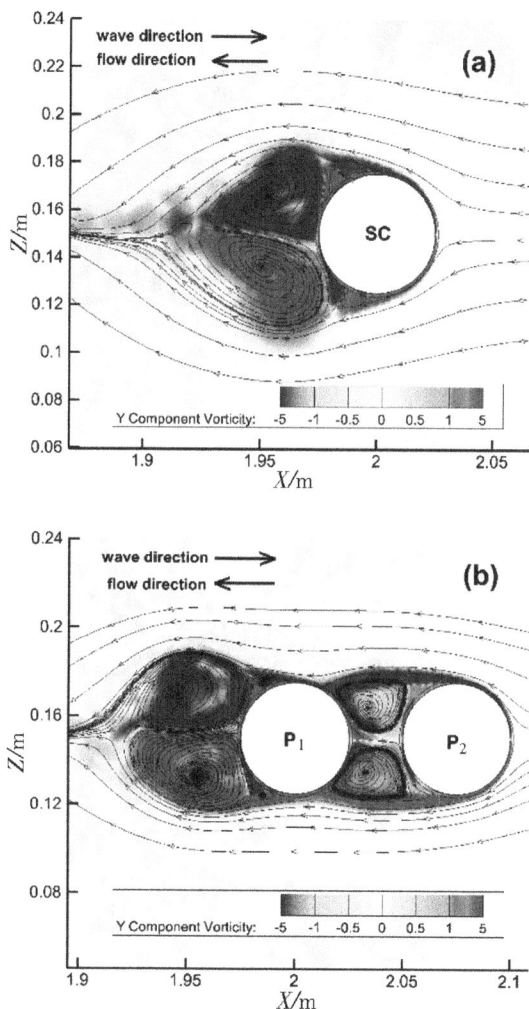

(a)SC　(b)$L/D = 1.5$

图 7.3　$C_{Fn} = C_{Fn-max}$ 时刻,$Y = 0.16$ m 处柱周涡量图

由图 7.4 所示的压强分布图可知,P_2 的存在使 P_1 背流面浸没于低压区中,两柱之间的漩涡受到抑制,显著降低了 P_1 背流面的压强,而 P_1 迎流面的压强分布几乎没有变化,最终增大了 P_1 顺波向的水平合力,由此揭示了在下层水体

中, P_1 受力会大于单柱受力的原因。

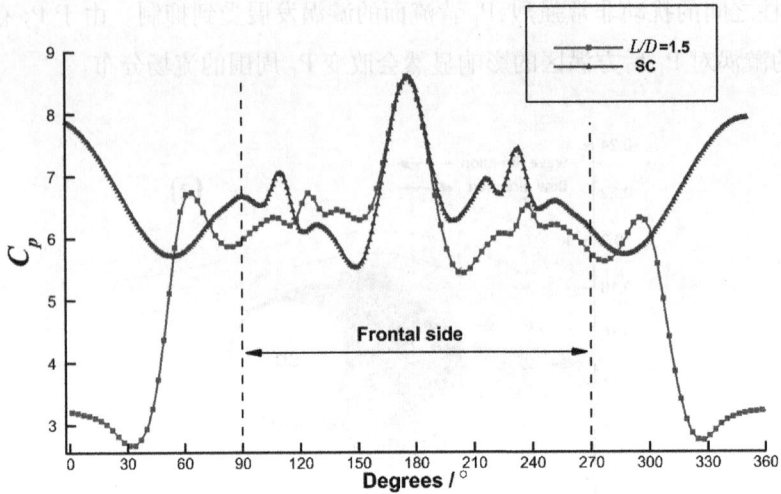

图 7.4　$Y=0.16$ m 处柱周压强对比图

而对柱体上层,如图 7.5(a)和 7.5(b)所示,双柱间的漩涡扰动虽不如下层严重,但是 P_1 的背流面仍然处于两柱之间产生的漩涡中。从图 7.6 就能更加清楚地看出,$L/D=1.5$ 工况的迎流面压强与单柱工况基本相同,而背流面压强则略大于单柱工况。因此,由于背流面的漩涡作用,P_1 上的无量纲作用力 C_f 略小于单柱工况。

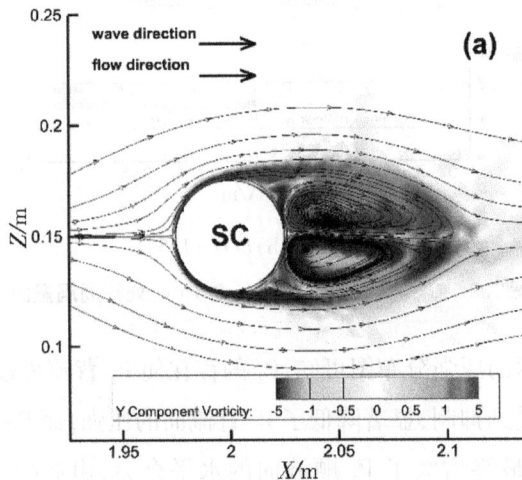

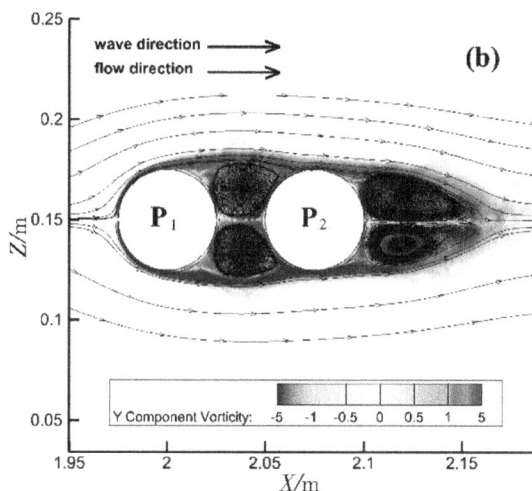

（a）SC （b）$L/D = 1.5$

图 7.5 $C_{Fn} = C_{Fn-max}$ 时刻，$Y = 0.26$ m 处柱周涡量图

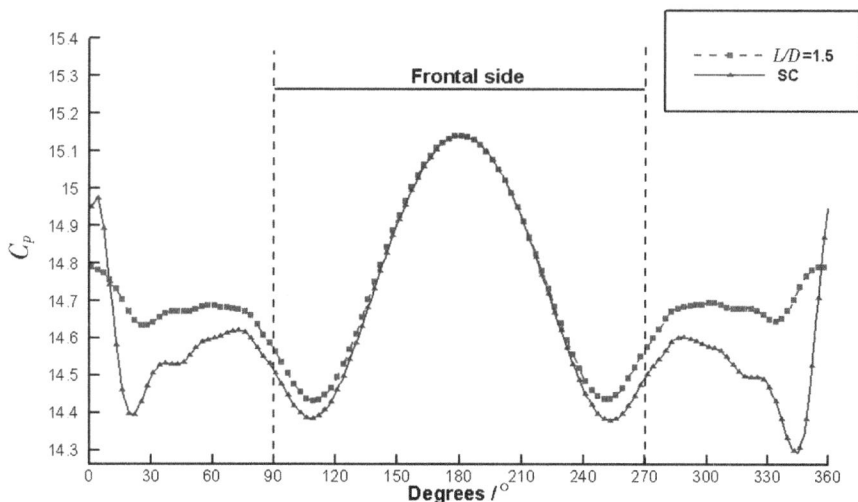

图 7.6 $Y = 0.26$ m 处柱周压力对比图

7.1.1.2 $2.0 \leqslant L/D \leqslant 3.0$

如图 7.1 所示，前柱 P_1 所受的 C_{Fn-max} 在 $L/D = 1.5$ 最大，随着柱间距持续增大，其受力会逐渐减少，且在 $L/D = 3.0$ 时基本接近单柱受力工况。因此，我们将 $L/D = 2.0$、$L/D = 2.5$ 和 $L/D = 3.0$ 工况下的 P_1 与单柱工况进行比较，以探

索相应的力学特性和流场分布。在 SC、$L/D=2$、$L/D=2.5$ 和 $L/D=3.0$ 四种工况下,C_f 垂向分布对比情况如图 7.7 所示。

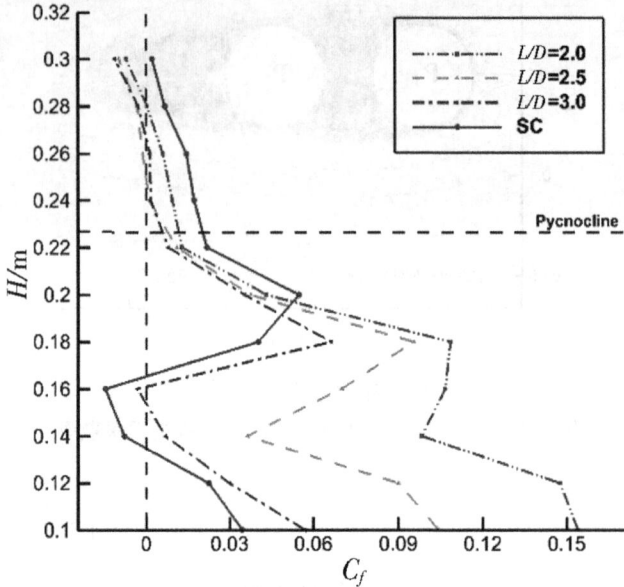

图 7.7 $C_{Fn}=C_{Fn-\max}$ 时刻,单柱与 P_1 分层水平合力对比图

如图 7.7 可知,$L/D=2.0$、$L/D=2.5$ 和 $L/D=3.0$ 工况中,柱体的上层部分水平合力均小于单柱工况,而在柱体下部分 $L/D=2.0$、$L/D=2.5$、$L/D=3.0$ 工况的水平合力显著大于单柱工况。这就使得在 $L/D=2.0$、$L/D=2.5$、$L/D=3.0$ 工况下,P_1 所受水平合力 C_{Fn} 均大于单柱工况,且随着双柱体间距的不断扩大,柱体的受力情况会逐渐接近单柱工况。类似地,$Y=0.16$ m 及 $Y=0.26$ m 处的流场和压强分布如下所示。

如图 7.8 和 7.9 所示,对于柱体下部分,与单柱工况相比,随着 L/D 由 2.0 增大到 3.0,两柱之间漩涡的抑制作用逐步减弱,P_1 柱周压强分布也逐步恢复到单柱状态。因此,当 $2.0\leqslant L/D<3.0$ 时,柱体受力差异同样体现在下层水体中,且差异主要集中在圆柱柱周的 $0\sim30°$ 及 $330\sim360°$ 部分。

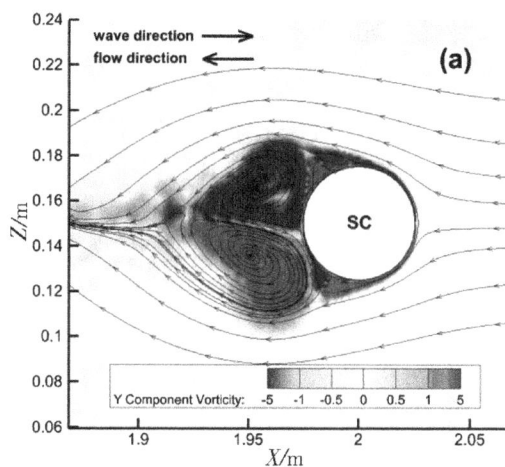

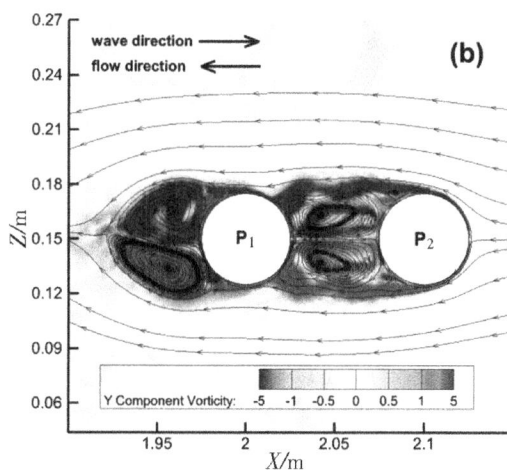

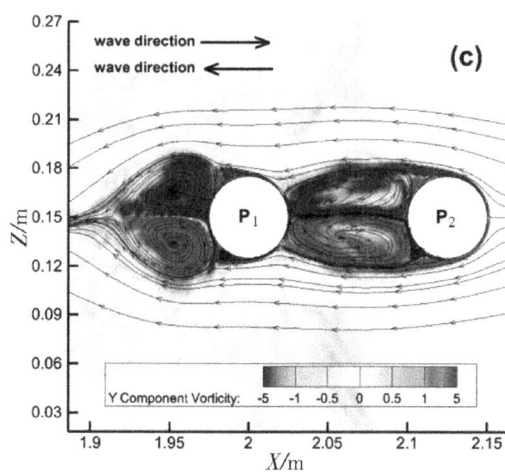

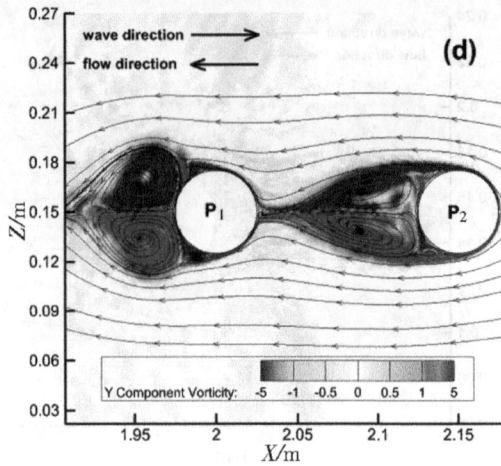

（a）SC　（b）$L/D=2.0$　（c）$L/D=2.5$　（d）$L/D=3.0$

图 7.8　$C_{Fn}=C_{Fn-\max}$ 时刻，$Y=0.16$ m 处柱周涡量图

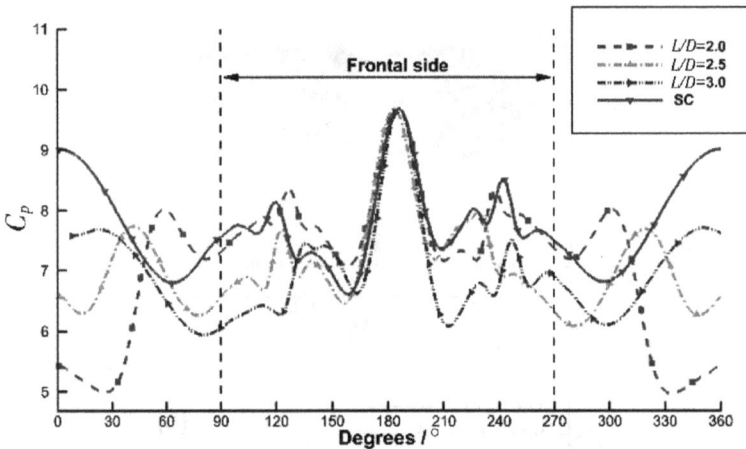

图 7.9　$Y=0.16$ m 处柱周压强对比图

而对柱体上层，如图 7.10 所示，在 $L/D=2$ 的情况下，P_2 的存在对 P_1 背流面的漩涡产生影响，P_1 背流面漩涡受到抑制。在 $L/D=2.5$ 时，P_2 对 P_1 背流面漩涡影响逐渐减小，漩涡受到抑制程度减弱，且 P_1 背流面漩涡区域逐渐与 SC 接近。在 $L/D=3.0$ 时，P_2 对 P_1 背流面漩涡的影响几乎消失，P_1 漩涡区域与 SC 几乎相同。因此，$L/D=3.0$ 的间隙是相互扰动从强到弱转变的临界间距。该结论也可以从压强分布上证实，如图 7.11 所示。$L/D=3.0$ 与 SC 相比，压强分布差异很小。

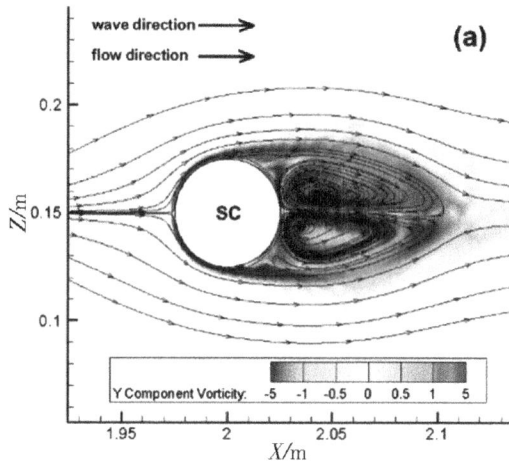

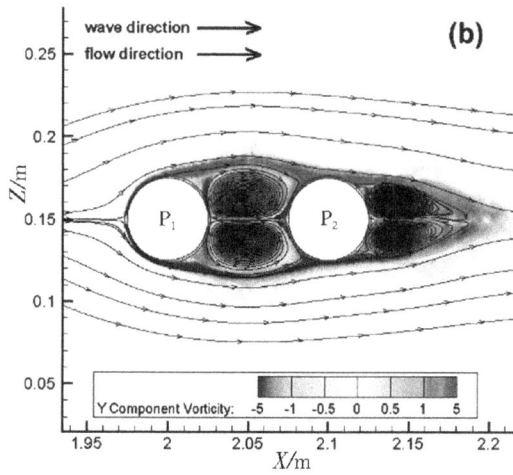

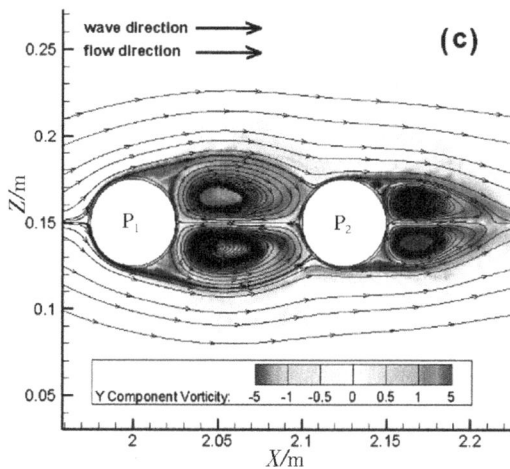

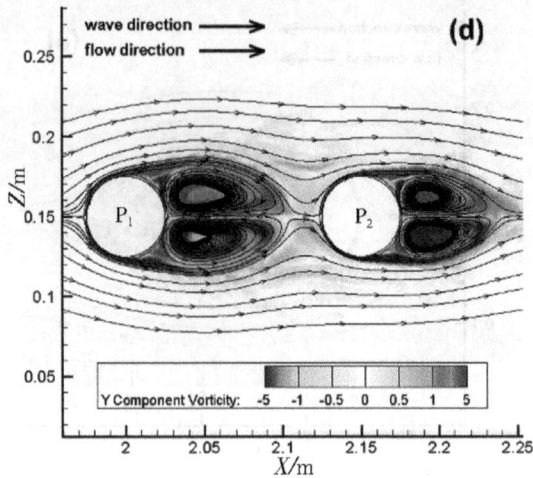

（a）SC　（b）$L/D = 2.0$　（c）$L/D = 2.5$　（d）$L/D = 3.0$

图 7.10　$C_{Fn} = C_{Fn-max}$ 时刻，$Y = 0.26$ m 处柱周涡量图

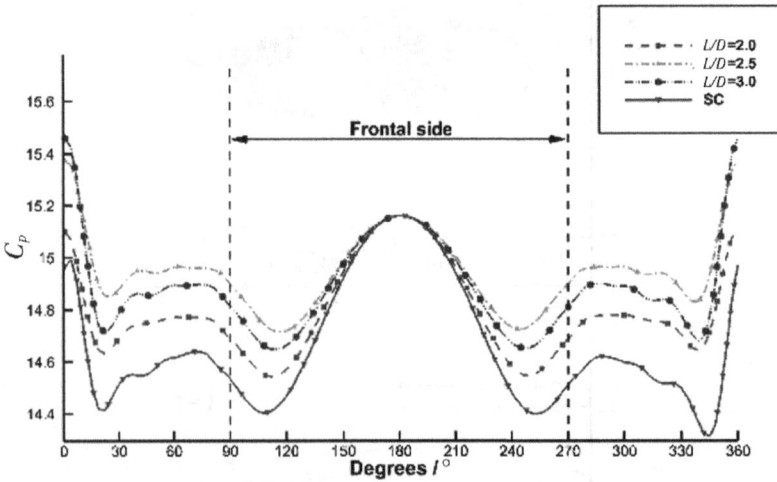

图 7.11　$Y = 0.26$ m 处柱周压强对比图

7.1.1.3　$3.0 < L/D \leqslant 6.0$

由图 7.12 显示，当柱间距 $L/D \geqslant 3.0$ 时，P_1 上部分、下部分受力均与单柱情况接近。因此，如果柱间距大于临界间距 L_c/D，两个圆柱体之间的相互扰动状态逐渐转化为无扰动状态，并且两个圆柱体周围的流场和柱周压强流动模式状

态逐渐恢复到单柱状态。此处不再赘述流场和压强分布特性。综上所述,柱间距决定了涡区的大小和位置,从而直接影响到 P_1 受力,结合图 7.2、图 7.7、图 7.12 可知,P_2 的存在较大地影响了 P_1 的受力,且差异主要体现在下层水体中。

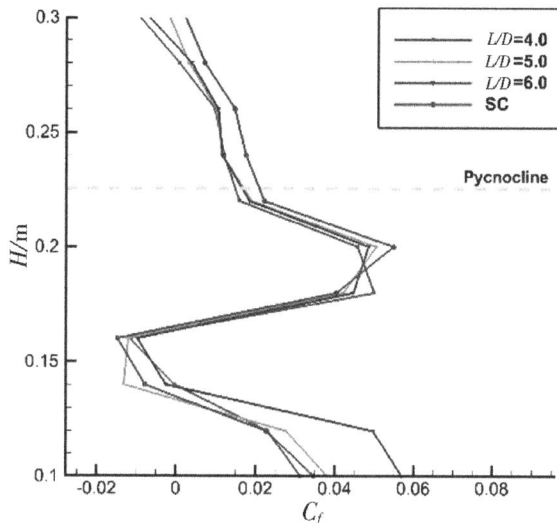

图 7.12　$C_{Fn} = C_{Fn-max}$ 时刻,单柱与 P_1 分层水平合力对比图

7.1.2　柱间距(L/D)对下游柱 P_2 的影响

类似地,当 $\eta_o/H = 0.057$ 时,不同 L/D 的 P_2 所受 C_{Fn} 历时曲线如图 7.13 所示。P_2 所受 C_{Fn} 随时间明显变化。当 $L/D \geqslant 3.0$ 时,P_2 所受 C_{Fn} 曲线的整体趋势与单柱工况变化趋势相似,但单柱所受 C_{Fn-max} 要略大于 $L/D \geqslant 3.0$ 工况。然而,当 $1.5 \leqslant L/D \leqslant 2.0$ 时,P_2 受到更大的逆波向 C_{Fn}(与波传播方向相反),且 P_2 的受力峰值 C_{Fn-max} 为负值。采用与 P_1 相同的分析方法,我们比较了不同柱间距下 SC 和 P_2 的流场和压强分布,以揭示 P_2 在分层强剪切环境中的受力特性。具体工况设置见表 7.2。

表 7.2　工况设置表

序号	工况	h_1/h_2	η_0/H	L/D	$+C_{Fn-max}(P_1)$
1	岸坡地形单柱模型(C_1)	0.33	0.057	/	-0.0725
2	岸坡地形串列双柱模型(C_2)	0.33	0.057	1.5	-0.1217

续表 7.2

序号	工况	h_1/h_2	η_0/H	L/D	$+C_{Fn-max}(P_1)$
3	岸坡地形串列双柱模型(C_3)	0.33	0.057	2.0	-0.1124
4	岸坡地形串列双柱模型(C_4)	0.33	0.057	2.5	-0.0433
5	岸坡地形串列双柱模型(C_5)	0.33	0.057	3.0	-0.0451
6	岸坡地形串列双柱模型(C_6)	0.33	0.057	3.5	-0.0458
7	岸坡地形串列双柱模型(C_7)	0.33	0.057	4.0	-0.0464
8	岸坡地形串列双柱模型(C_8)	0.33	0.057	5.0	-0.0459
9	岸坡地形串列双柱模型(C_9)	0.33	0.057	6.0	-0.0445

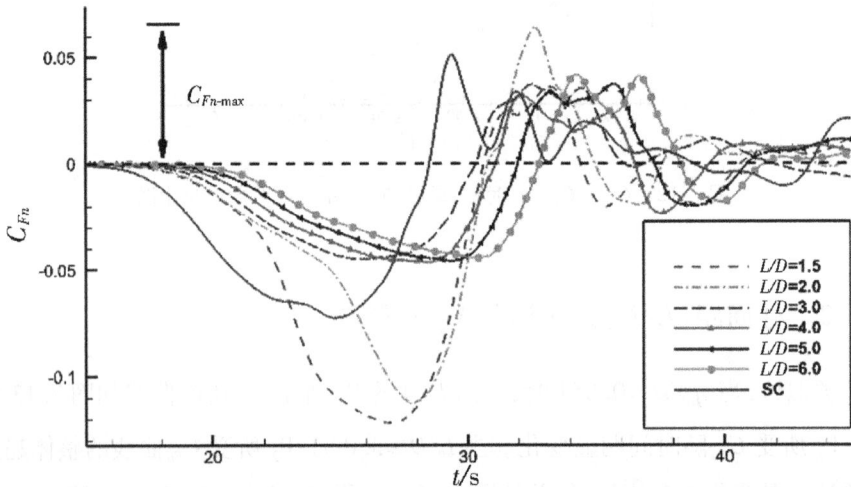

图 7.13　各工况下 C_{Fn} 历时曲线对比图(下游柱 P_2)

　　图 7.14 显示了不同 L/D 的 P_2 上 C_f 的垂向分布。当 $1.5 \leqslant L/D < 3.0$ 时，P_2 上部分受力明显小于单柱工况,但在下层水体则相反,P_2 下部分受力明显大于单柱工况。当 $1.5 \leqslant L/D \leqslant 6.0$ 时,P_2 上部分受力与单柱相似,但下部分明显大于单柱。因此,对 P_2 上部分受力研究主要集中在 $1.5 \leqslant L/D < 3.0$ 之间的上层水体中流场和压强分布特性,以及 $1.5 \leqslant L/D \leqslant 6.0$ 的下层水体中流场和压强分布特性。

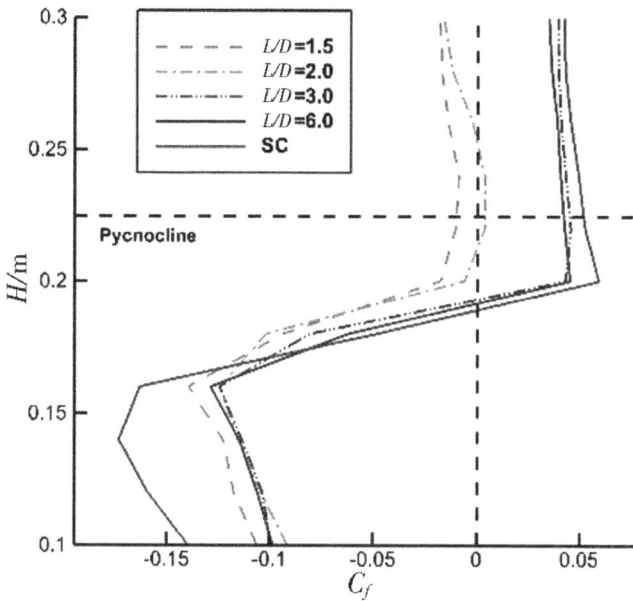

图 7.14 $C_{Fn} = C_{Fn-max}$ 时刻,单柱与 P₂ 分层水平合力对比图

7.1.2.1 1.5≤L/D<3.0 时 P₂ 与单柱上层水体流场和压强分布的比较

由图 7.15 所示的涡量图可知,在柱间距为 $1.5 \leqslant L/D < 3.0$ 的范围内,P₂ 的迎流面被浸没在低压漩涡中,显著降低了 P₂ 迎流面压强(如图 7.16 所示)。显然,P₂ 迎流面压强明显小于单柱工况,由于其迎流面压强小于背流面压强,迫使 P₂ 受力为负,即其方向与波传播方向相反。

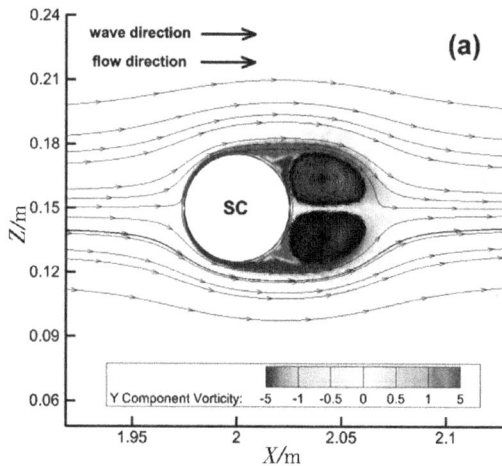

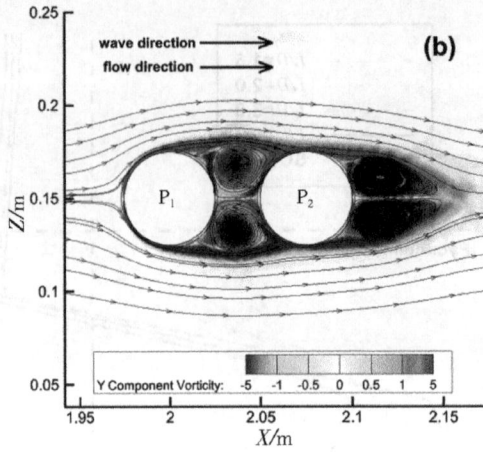

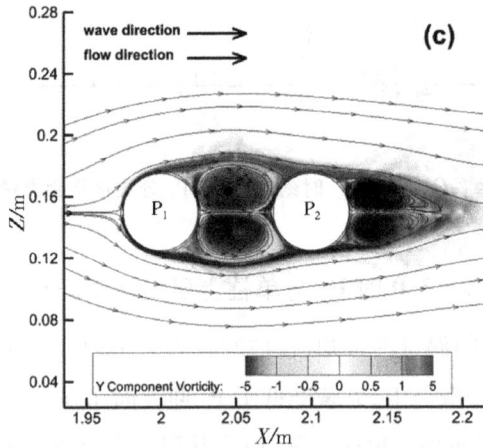

(a) SC (b) $L/D = 1.5$ (c) $L/D = 2.0$

图 7.15 $C_{Fn} = C_{Fn-max}$ 时刻, $Y = 0.26$ m 处柱周涡量图

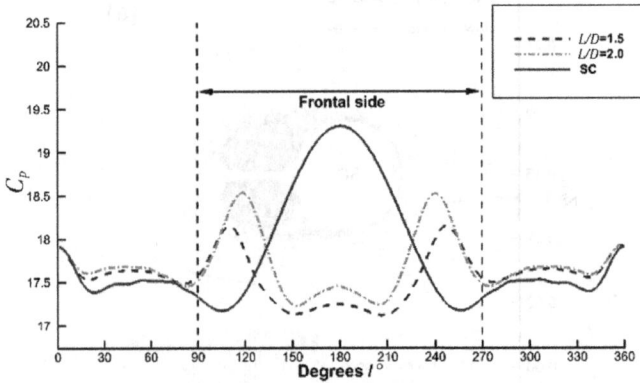

图 7.16 $Y = 0.26$ m 处柱周压强对比图

7.1.2.2　1.5≤L/D≤6.0 时 P₂ 与单柱上层水体流场和压强分布的比较

对比图 7.17(a)和图 7.17(b)所示,当 L/D = 1.5 时,P_2 下部分的 C_f 明显小于单柱工况,因为 P_2 的迎流面仍浸没于漩涡之中,导致其迎流面的压强小于 SC(见图 7.18);当 L/D = 6.0 时,P_2 柱前漩涡发展依旧与 SC 情况差别较大[对比图 7.17(a)和图 7.17(c)],所以导致其迎流面的压强同样小于 SC。这也是当 L/D≥3.0 时,P_2 与 SC 受力趋势整体相似,但 P_2 所受 C_{Fn-max} 要略小于 SC 工况(见图 7.13)的原因。

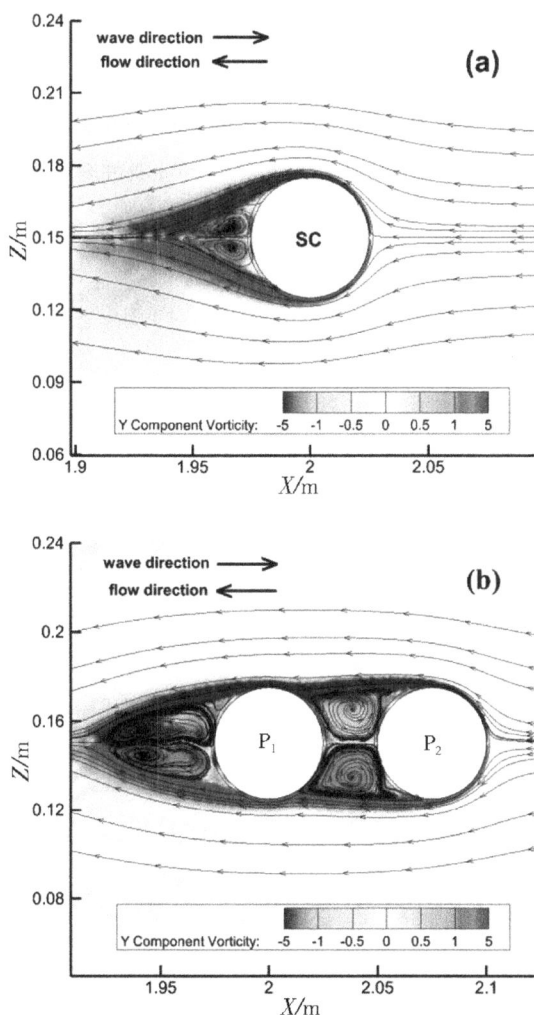

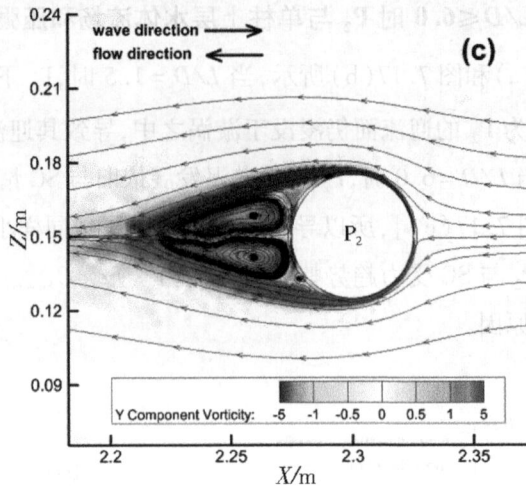

(a)SC　(b)$L/D=1.5$　(c)$L/D=6.0$

图 7.17　$C_{Fn}=C_{Fn-max}$ 时刻, $Y=0.16$ m 处柱周涡量图

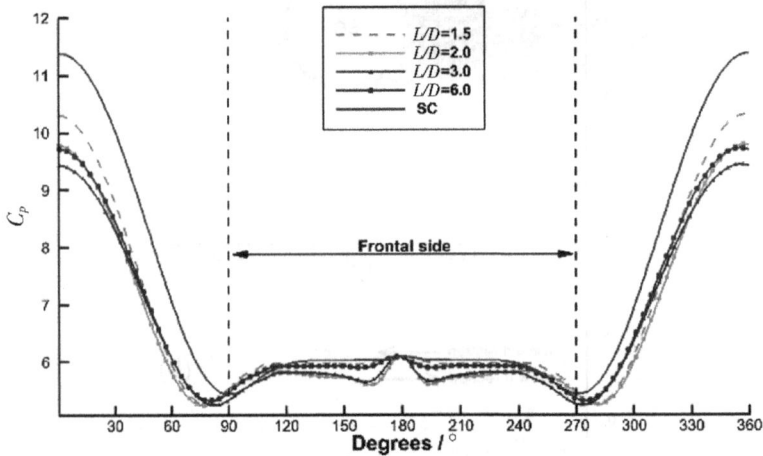

图 7.18　$Y=0.16$ m 处柱周压强对比图

7.2　岸坡高度对串列双柱的力学规律及流场特征的影响

7.2.1　岸坡高度对上游柱 P_1 的影响

图 7.19 给出了 5 组不同岸坡高度 $H/h(2.0 \leqslant H/h \leqslant 6.0)$ 工况上游柱 P_1 受到无量纲水平作用力 C_{Fn} 的历时曲线, 内波的波幅 $\eta_o/H=0.057$。如图所示, 柱

体所受的水平作用力随时间不断增大,且 5 种工况对应受力曲线的变化趋势总体一致。柱体所受 C_{Fn} 随岸坡高度减小(H/h 增大)而明显增大。下面,将具体对比各种岸坡高度工况下串列双柱的流场和压强分布,以揭示 P_1 在分层强剪切环境中的受力机理。具体工况设置见表 7.3。

表 7.3　工况设置

序号	工况	h_1/h_2	η_0/H	H/h	$C_{Fn-max}(P_1)$
1	岸坡地形串列双柱模型(C_1)	0.33	0.057	6.0	0.1955
2	岸坡地形串列双柱模型(C_2)	0.33	0.057	4.0	0.1882
3	岸坡地形串列双柱模型(C_3)	0.33	0.057	3.0	0.1581
4	岸坡地形串列双柱模型(C_4)	0.33	0.057	2.5	0.1370
5	岸坡地形串列双柱模型(C_5)	0.33	0.057	2.0	0.0845

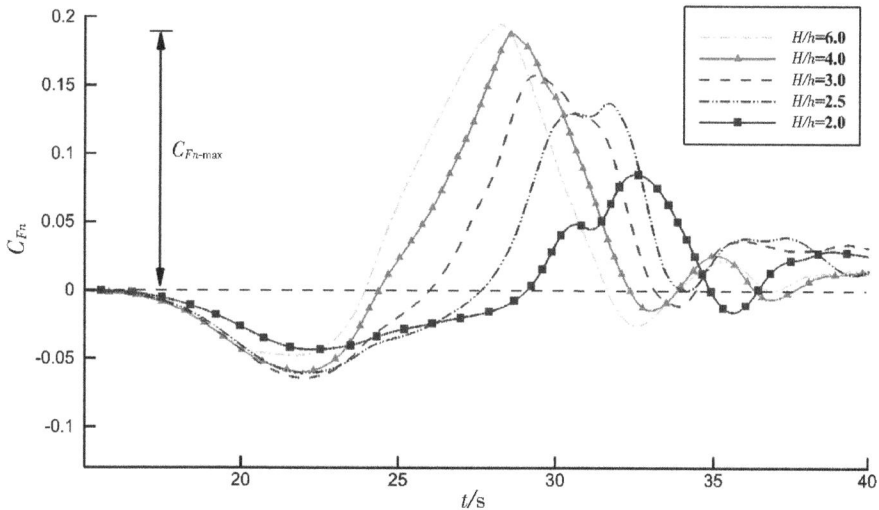

图 7.19　各工况下 C_{Fn} 历时曲线对比图(上游柱 P_1)

图 7.20 显示了不同岸坡高度 H/h($2.0 \leqslant H/h \leqslant 6.0$)上 P_1 的无量纲水平力系数 C_f 垂向分布。当 $H/h \leqslant 2.5$ 时,P_1 上部分受力均为负,下部分受力均为正。当 $2.5 < H/h \leqslant 6.0$ 时,P_1 上部分受力均大于 0 且相似,而下部分区别明显。因

此,对 P_1 上部分受力研究主要集中在 $2.0 \leqslant H/h \leqslant 2.5$ 和 $3.0 \leqslant H/h \leqslant 6.0$ 之间的上层水体中流场和压强分布特性,以及 $2.0 \leqslant H/h \leqslant 6.0$ 的下层水体中流场和压强分布特性。

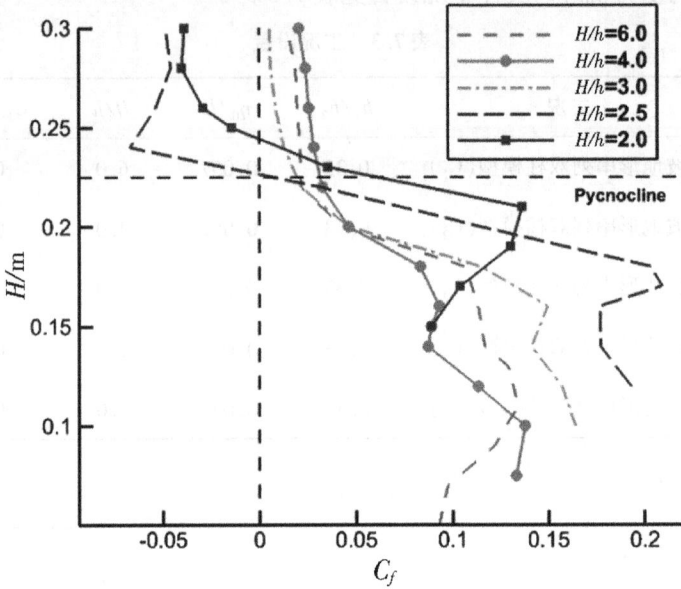

图 7.20　$C_{Fn} = C_{Fn-\max}$ 时刻,P_1 分层水平合力对比图

7.2.1.1　P_1 上层水体流场和压强分布的比较

由图 7.21 中的流场分布图可知,在岸坡高度为 $2.0 \leqslant H/h \leqslant 2.5$ 的范围内(以 $H/h = 2.0$ 作为代表),P_1 由于岸坡平台上升导致柱体前侧流场情况更加复杂(如图 7.22 所示),使得其迎流面压强小于背流面压强,迫使 P_1 受力为负(即其方向与波传播方向相反)。而当 $3.0 \leqslant H/h \leqslant 6.0$ 时(以 $H/h = 6.0$ 作为代表),受到岸坡影响较小使得 P_1 受力为正,即其方向与波传播方向相同。该结论可以更加明显地从压强分布上证实,如图 7.23 所示。

由图 7.20、图 7.21、图 7.22 同样可以得出,当岸坡高度逐渐增加 $H/h < 3.0$ 时,内波传播到岸坡坡面所产生的复杂流场会影响到柱体上部分,使得柱体上部分所受的水平合力反向。

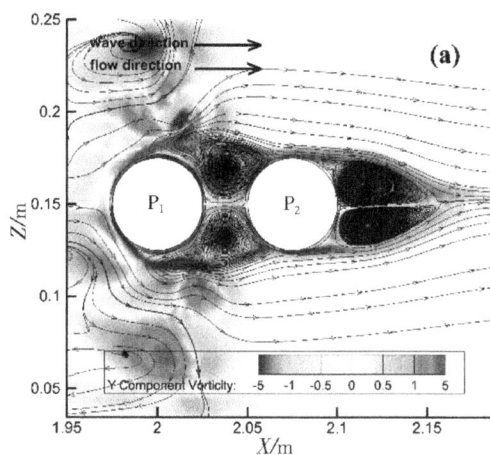

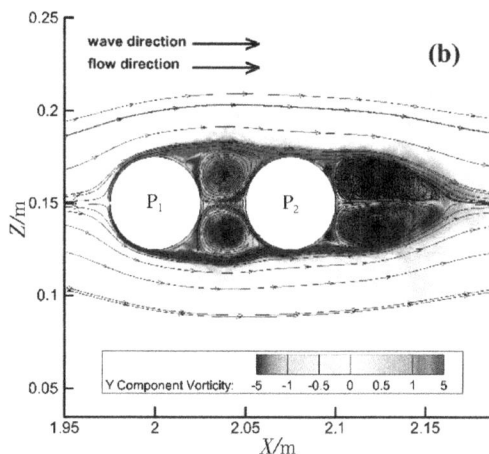

（a）H/h＝2.0　　（b）H/h＝6.0

图 7.21　$C_{Fn}＝C_{Fn-max}$ 时刻，Y＝0.26 m 处柱周涡量图

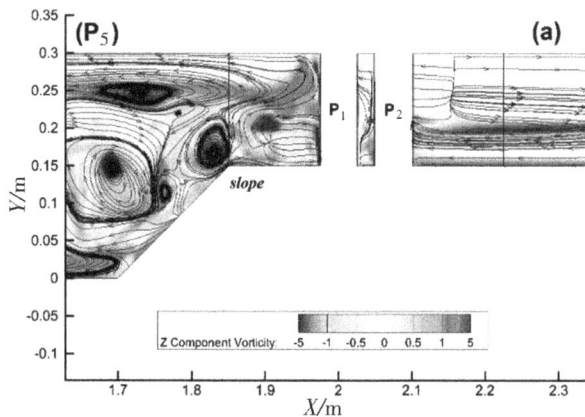

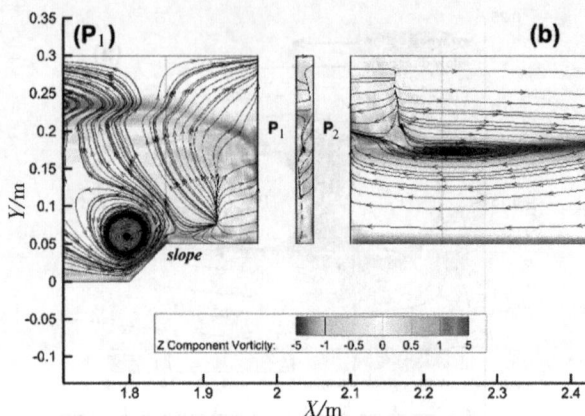

（a）$H/h=2.0$　（b）$H/h=6.0$

图 7.22　$C_{Fn}=C_{Fn-\max}$ 时刻，$Z=0.15$ m 处柱周涡量图

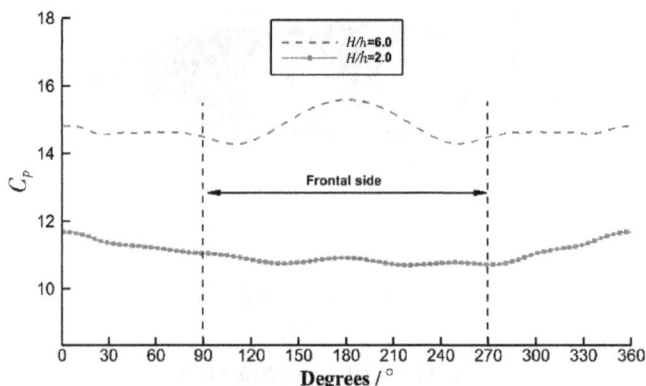

图 7.23　$Y=0.26$ m 处柱周压强对比图

7.2.1.2　P_1 下层水体流场和压强分布的比较

由于平台高度不同使得柱体长度不相同，因此选择 $C_{Fn}=C_{Fn-\max}$ 时刻下层水体中心高度作为不同工况的代表水层。由图 7.24 中的流场分布图可知，随着岸坡平台高度不断升高，P_1 下层由于岸坡平台变化导致前侧流场变化，P_1 下部分迎流面及背流面漩涡作用范围逐渐扩大，从而使得柱体下部分处于图 7.20 的差异情况（图 7.25 可进一步说明）。且随着岸坡平台高度不断减小，$2.5 < H/h \leqslant 6.0$ 时柱体的分层水平合力受力情况逐渐接近于平坡双柱工况。

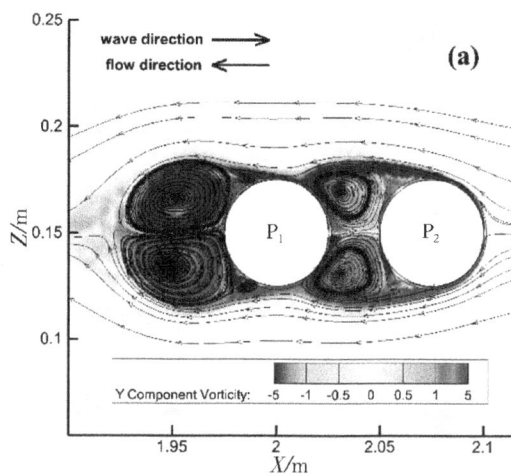

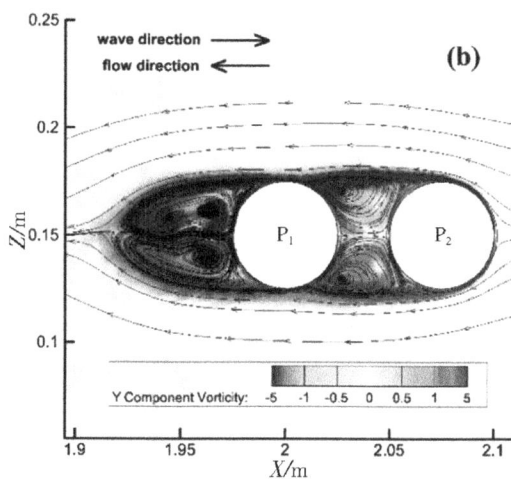

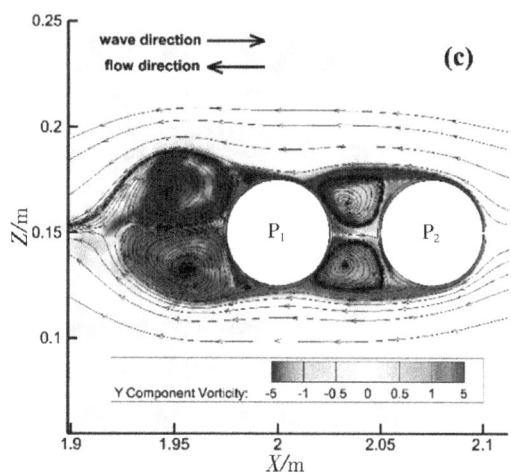

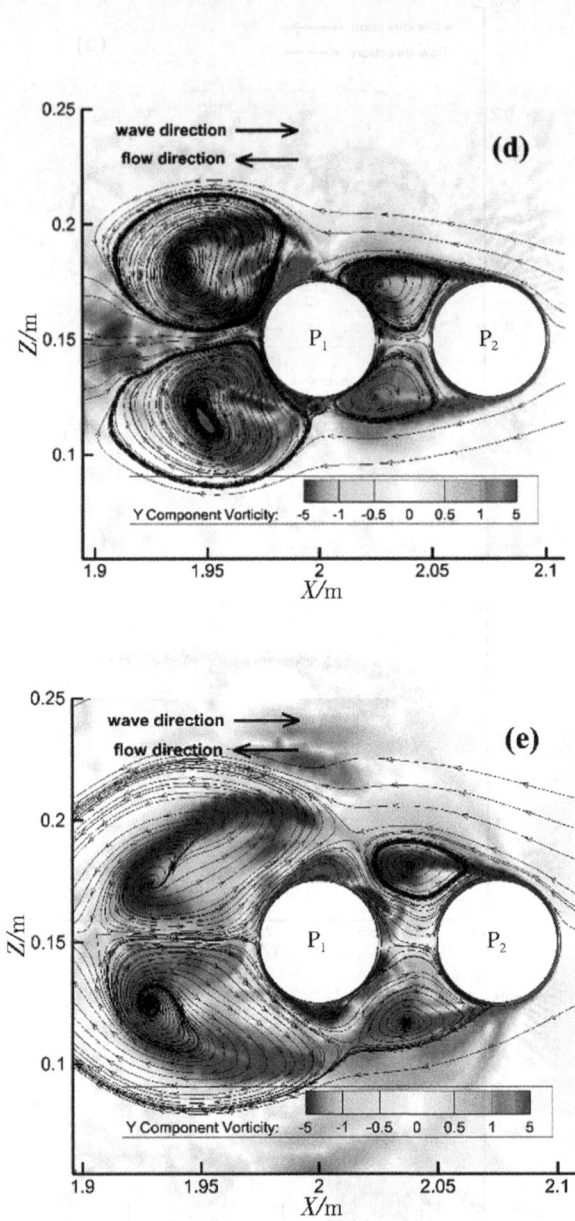

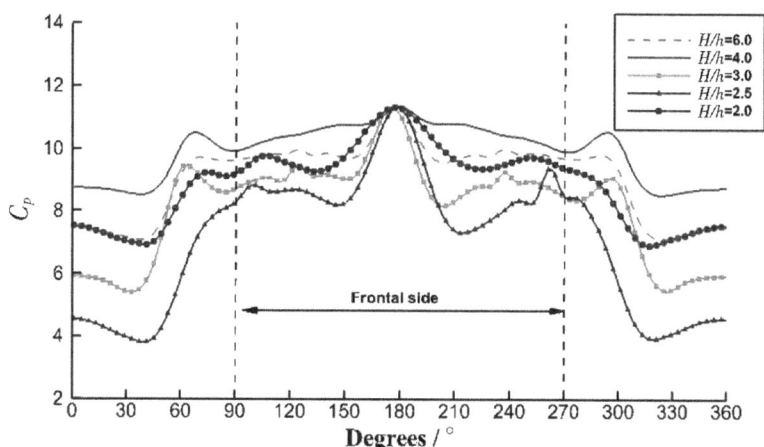

图 7.25　柱体下部分柱周压强对比图

7.2.2　岸坡高度对下游柱 P_2 的影响

类似地,当 $\eta_o/H = 0.057$ 时,不同岸坡高度 $H/h\,(2.0 \leqslant H/h \leqslant 6.0)$ P_2 所受 C_{Fn} 历时曲线如图 7.26 所示。P_2 所受 C_{Fn} 随时间明显变化,随着岸坡高度的增大 P_2 所受 C_{Fn} 明显减少。我们采用与 P_1 相同的分析方法,比较了不同岸坡高度下 P_2 的流场和压强分布,以揭示 P_2 在分层强剪切环境中的受力特性。具体工况设置见表 7.4。

表 7.4　工况设置

序号	工况	h_1/h_2	η_0/H	H/h	$C_{Fn-max}(P_2)$
1	岸坡地形串列双柱模型(Q_1)	0.33	0.057	6.0	-0.1252
2	岸坡地形串列双柱模型(Q_2)	0.33	0.057	4.0	-0.1336
3	岸坡地形串列双柱模型(Q_3)	0.33	0.057	3.0	-0.1215
4	岸坡地形串列双柱模型(Q_4)	0.33	0.057	2.5	-0.0989
5	岸坡地形串列双柱模型(Q_5)	0.33	0.057	2.0	-0.0554

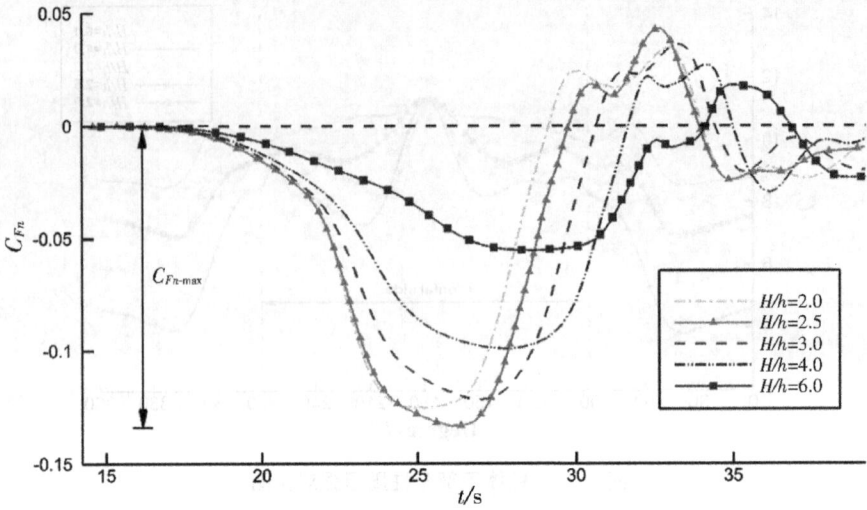

图 7.26　各工况下 C_{Fn} 历时曲线对比图(下游柱 P_2)

　　图 7.27 显示了不同岸坡高度 $H/h(2.0 \leqslant H/h \leqslant 6.0)$ 的 P_2 上 C_f 的垂向分布。当 $2.0 \leqslant H/h \leqslant 6.0$ 时,P_2 上、下部分受力均为负。P_2 上部分受力均小于 0 且差异不大,而下部分区别明显。因此,对 P_2 受力研究主要集中在 $2.0 \leqslant H/h \leqslant 6.0$ 之间的下层水体中流场和压强分布特性。

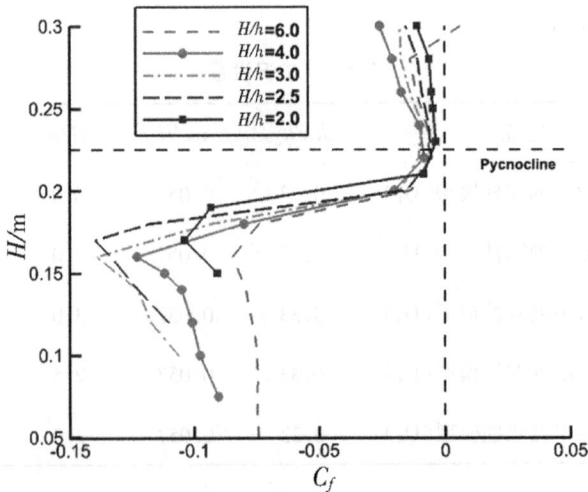

图 7.27　$C_{Fn} = C_{Fn-max}$ 时刻,P_2 分层水平合力对比图

7.2.2.1 P₂上层水体流场和压强分布的比较

由图 7.28 与图 7.29 可知,不同岸坡高度 $H/h(2.0 \leqslant H/h \leqslant 6.0)$ 的 P_2 上层的柱周压强及流场分布相似,与图 7.27 相符。与 P_1 不同,随着岸坡平台高度上升,P_2 上部分周围的流场变化很小。因此,岸坡高度变化柱体的受力差异主要集中在 P_1 及 P_2 下部分。

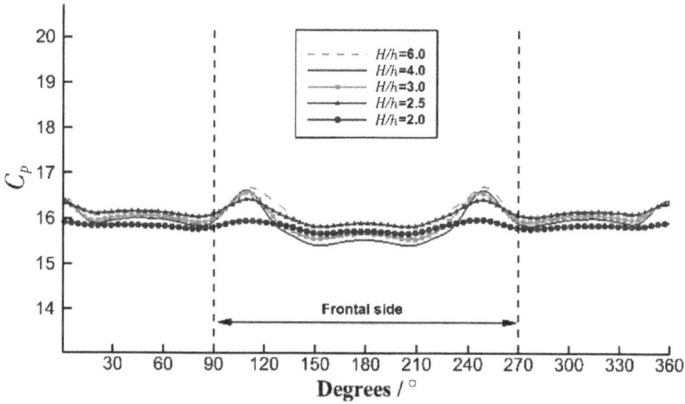

图 7.28 P_2 上部分柱周压强分布对比图

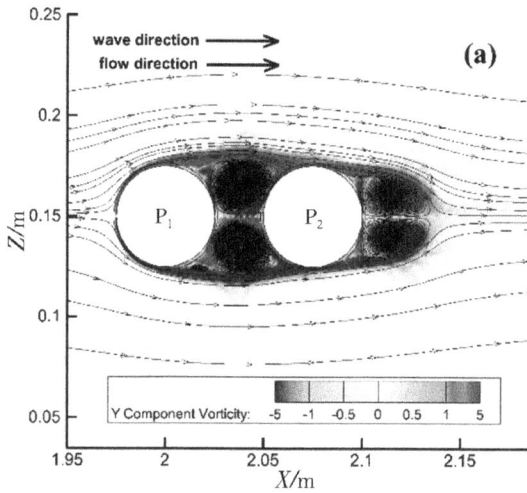

由图5.28～图5.30中以及自图图图图图图图图图图（b）、（c）、（d）区
域图图图图图图图图图图图图图图图图图图图图图图图图图图图图图图图
中、 P_1 上浮水图图图图图图图图图图图图图图图图相互诱导区区
对相图 P_1 区图、下

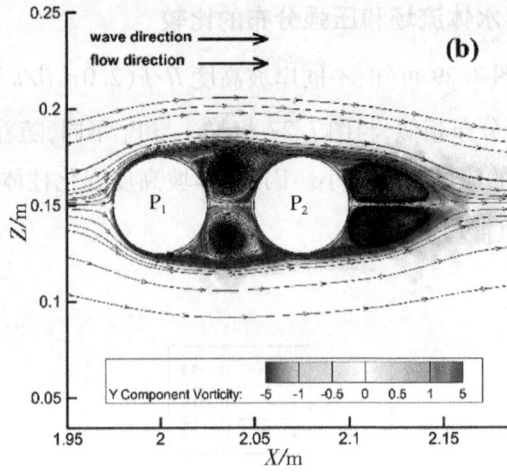

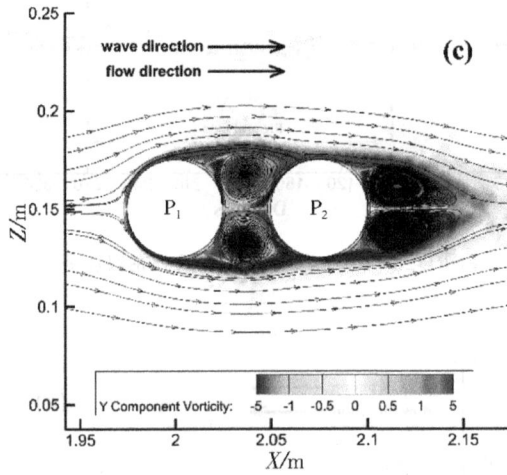

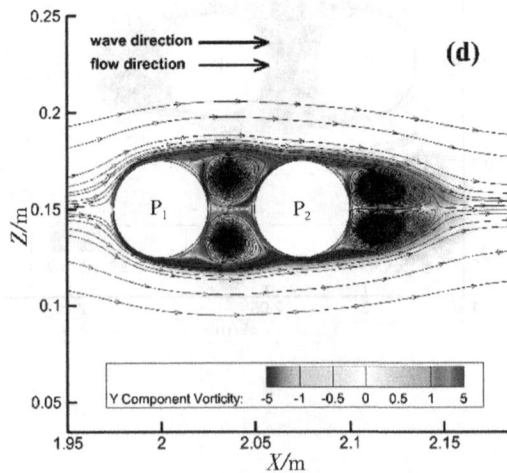

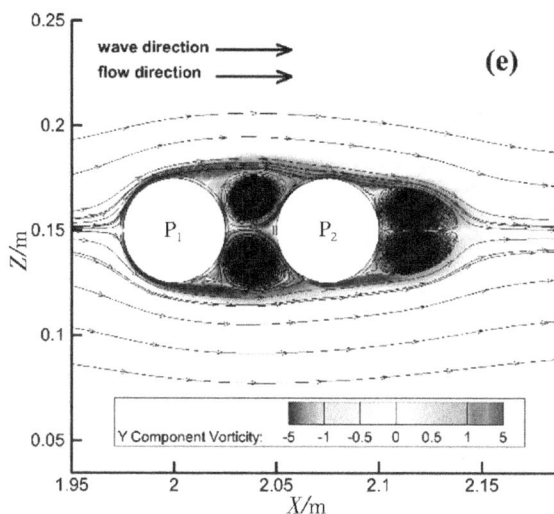

（a）$H/h = 2.0$　（b）$H/h = 2.5$　（c）$H/h = 3.0$　（d）$H/h = 4.0$　（e）$H/h = 6.0$

图 7.29　$C_{Fn} = C_{Fn-max}$ 时刻,上部分柱体中间处柱周涡量图

7.2.2.2　P_2 下层水体流场和压强分布的比较

由图 7.30 可知,P_2 下部分柱体受力差异明显(与图 7.27 相符),其中 H/h = 6.0 时迎流面与背流面压力相差较小,而当 H/h = 2.5 和 H/h = 3.0 时,迎流面与背流面压力相差较大。从图 7.31 可以看到,随着岸坡平台高度不断降低,P_2 迎流面流场变化显著,而背流面变化相对较小(图 7.30 可进一步说明),因此可以得出 P_2 下部分柱体受力差异主要集中于迎流面的流场变化。

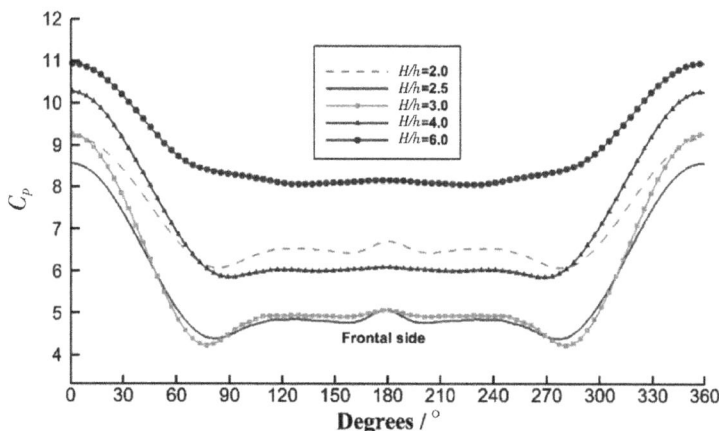

图 7.30　P_2 下部分柱周压强分布对比图

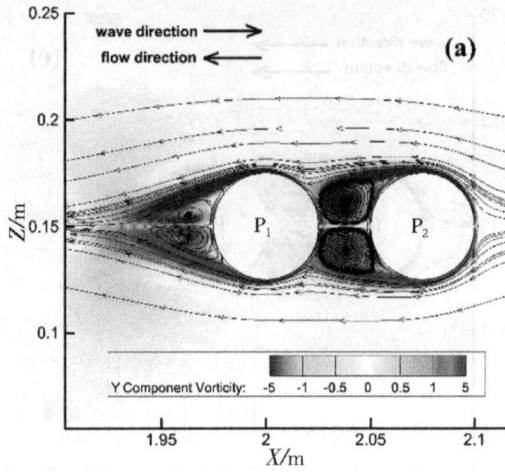

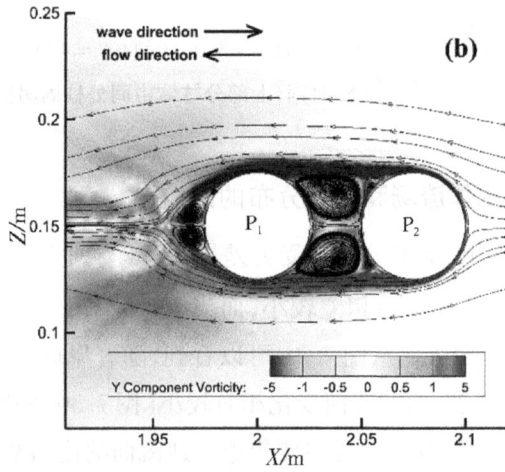

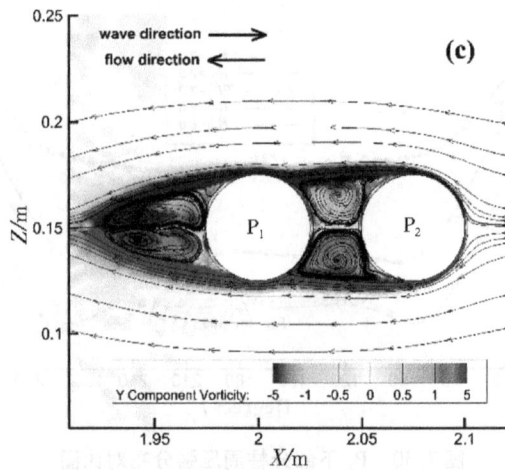

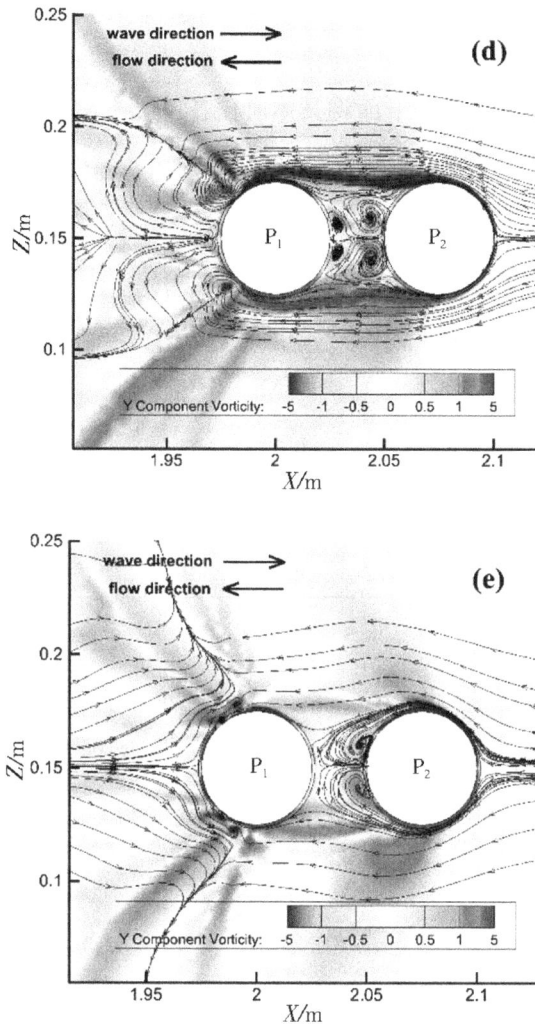

（a）$H/h=2.0$　（b）$H/h=2.5$　（c）$H/h=3.0$　（d）$H/h=4.0$　（e）$H/h=6.0$

图 7.31　$C_{Fn}=C_{Fn-max}$ 时刻，下部分柱体中间处柱周涡量图

7.3　柱体直径对串列双柱的力学规律及流场特征的影响

7.3.1　柱体直径对上游柱 P_1 的影响

本节通过改变不同柱体直径，探究柱体结构对受力的影响，研究工况设置见表 7.5。图 7.32 给出了 5 组不同直径 D 工况上游柱 P_1 受到无量纲水平作用

力 C_{Fn} 的历时曲线,波幅 $\eta_o/H = 0.057$。如图所示,柱体所受的水平作用力随时间不断增大,且5种工况对应受力曲线的变化趋势总体一致。柱体所受 C_{Fn} 随柱体直径增大而明显增大。下面将具体对比各工况下串列双柱的流场和压强分布,以揭示 P_1 在分层强剪切环境中的受力机理。

表7.5　工况设置

序号	工况	h_1/h_2	η_0/H	$D(\text{m})$	$C_{Fn-\max}(P_1)$
1	岸坡地形串列双柱模型(D_1)	0.33	0.057	0.07	0.2325
2	岸坡地形串列双柱模型(D_2)	0.33	0.057	0.06	0.2026
3	岸坡地形串列双柱模型(D_3)	0.33	0.057	0.05	0.1576
4	岸坡地形串列双柱模型(D_4)	0.33	0.057	0.04	0.1210
5	岸坡地形串列双柱模型(D_5)	0.33	0.057	0.03	0.0902

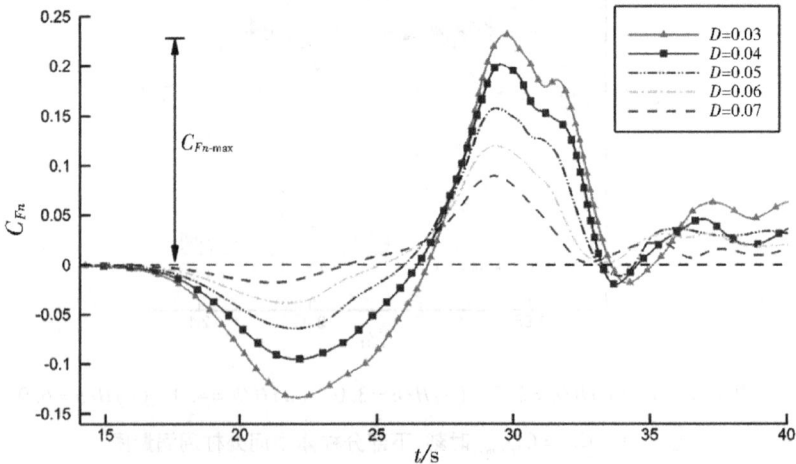

图7.32　各工况下 C_{Fn} 历时曲线对比图(上游柱 P_1)

图7.33展示了不同柱体直径 $D(0.03 \leqslant D \leqslant 0.07)P_1$ 上 C_f 的垂向分布。显然,P_1 的上、下部分受力均为正。P_1 上部分受力均大于0且相似,而下部分受力随着柱体直径的增大而增大。因此,对 P_1 上部分受力研究不再赘述,对 P_1 受力研究主要集中于下层水体中流场和压强分布特性。

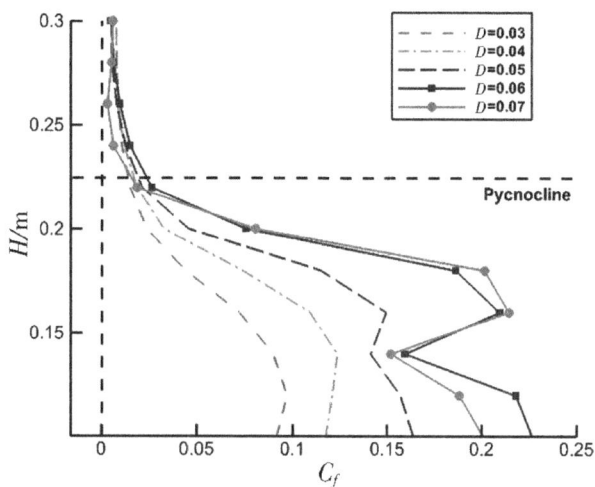

图 7.33 $C_{Fn} = C_{Fn-max}$ 时刻，P_1 分层水平合力对比图

由图 7.34 中流场分布图可知，在柱体直径 $0.03 \leqslant D \leqslant 0.05$ 的情况下，P_2 的存在对 P_1 背流面的漩涡产生影响，P_1 背流面及迎流面的漩涡都随着柱体直径增大而增大，使得 P_1 所受的水平合力也随之增大（与图 7.33 相符）。而当柱体直径 $0.06 \leqslant D \leqslant 0.07$ 时，P_1 柱周的漩涡影响范围随柱体直径的变化趋势减小，使其水平合力增加的程度减小（与图 7.33 相符）。

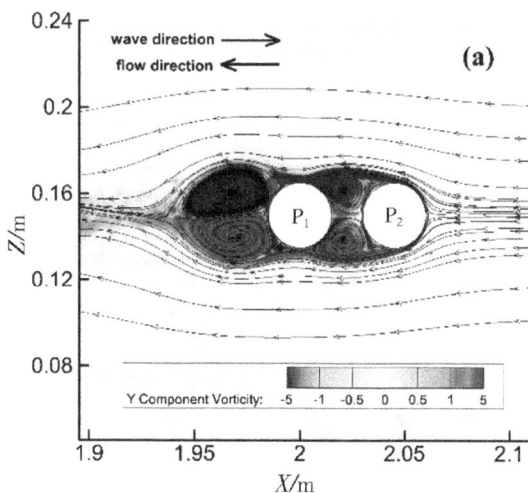

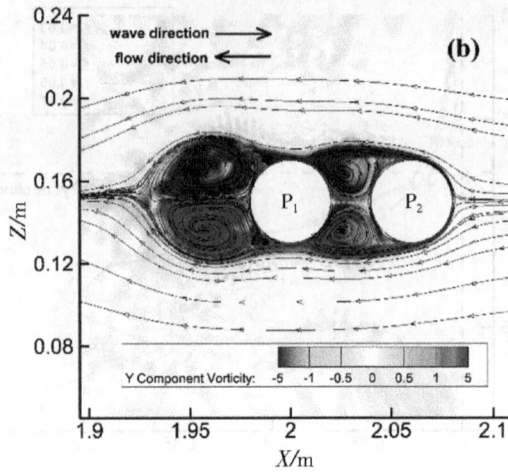

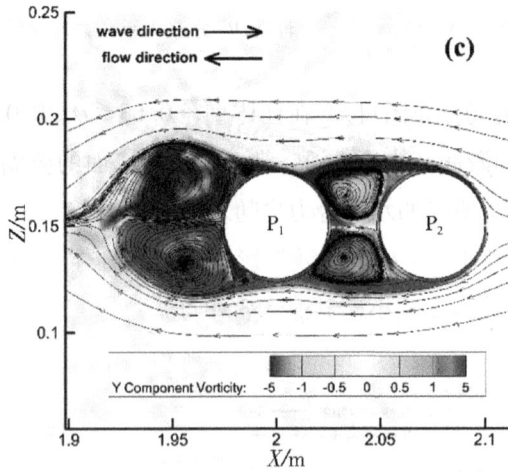

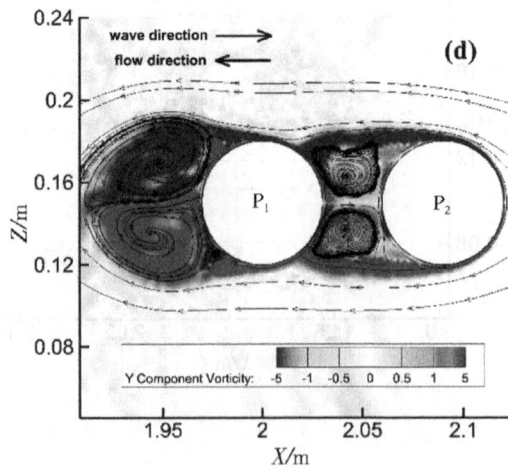

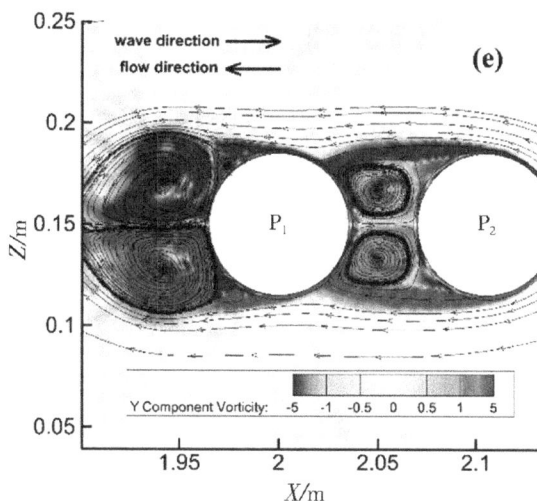

（a）$D = 0.03$　（b）$D = 0.04$　（c）$D = 0.05$　（d）$D = 0.06$　（e）$D = 0.07$

图 7.34　$C_{Fn} = C_{Fn-max}$ 时刻，下部分柱体中间处柱周涡量图

　　对上述研究进一步分析，如图 7.35 所示，当柱体直径 $0.03 \leqslant D \leqslant 0.05$ 时，随着柱体直径增大，迎流面及背流面的流场综合影响使得柱体两侧压强变化明显，从而使得 P_1 所受的水平合力随之明显增大。而当柱体直径 $0.06 \leqslant D \leqslant 0.07$ 时，迎流面及背流面流场变化趋势减小使得柱体两侧压强变化减小，从而导致 P_1 水平合力增加的程度减小。

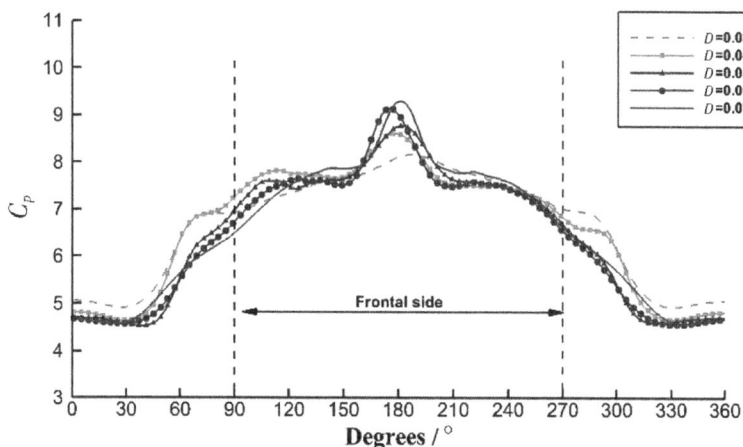

图 7.35　$Y = 0.16$ m 处柱周压强对比图

7.3.2 柱体直径对下游柱 P_2 的影响

类似地,当 $\eta_o/H=0.057$ 时,不同柱体直径$(0.03 \leqslant D \leqslant 0.07)P_2$ 所受 C_{Fn} 历时曲线如图 7.36 所示。P_2 所受 C_{Fn} 随时间明显变化,柱体所受的水平作用力随时间不断增大,且 5 种工况对应受力曲线的变化趋势总体一致,随着柱体直径的增大 P_2 所受 C_{Fn} 明显增大。与 P_1 相同的分析方法,我们比较了不同柱体直径 P_2 的流场和压强分布,以揭示 P_2 在分层强剪切环境中的受力特性。具体工况设置见表 7.6。

表 7.6   工况设置

序号	工况	h_1/h_2	η_0/H	$D(m)$	$C_{Fn-max}(P_2)$
1	岸坡地形串列双柱模型(D_1)	0.33	0.057	0.03	-0.0685
2	岸坡地形串列双柱模型(D_2)	0.33	0.057	0.04	-0.0963
3	岸坡地形串列双柱模型(D_3)	0.33	0.057	0.05	-0.1221
4	岸坡地形串列双柱模型(D_4)	0.33	0.057	0.06	-0.1447
5	岸坡地形串列双柱模型(D_5)	0.33	0.057	0.07	-0.1711

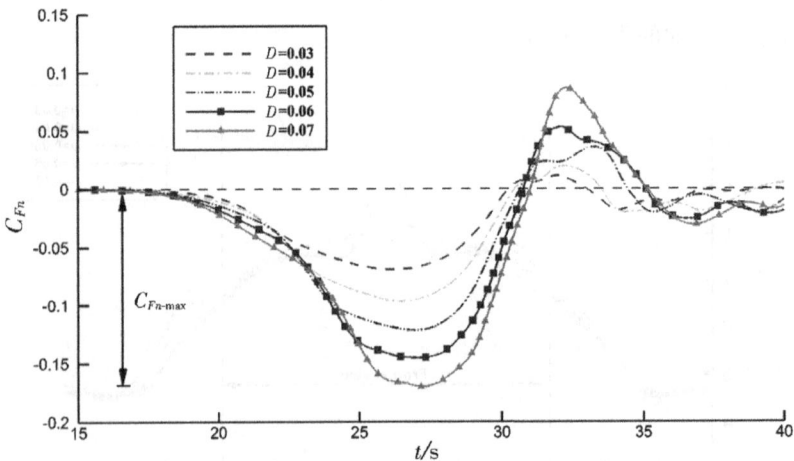

图 7.36   各工况下 C_{Fn} 历时曲线对比图(下游柱 P_2)

图 7.37 显示了不同柱体直径$(0.03 \leqslant D \leqslant 0.07)$的工况下,$P_2$ 上无量纲水平力系数 C_f 的垂向分布情况。P_2 上、下部分受力均为负。P_2 上层部分各工况

受力均小于 0 且所受 C_f 几乎相同,而 P_2 下部分受力则随着柱体直径增大而增大(方向与波传播方向相反)。因此,对 P_2 受力研究主要集中在下部分柱体周围的流场和压强分布特性。

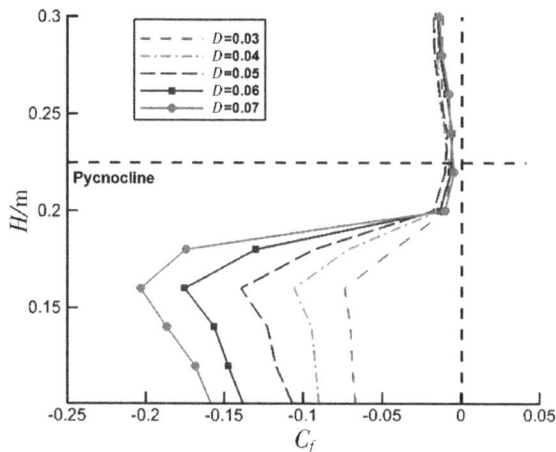

图 7.37　$C_{Fn} = C_{Fn-max}$ **时刻,P_2 分层水平合力对比图**

由图 7.38 中的流场分布图可知,当 $0.03 \leqslant D \leqslant 0.07$ 时,P_2 下部分迎流面的漩涡扰动随柱体直径不断增大,使下部分迎流面压强显著增加,从而使得 P_2 下部分所受 C_f 随着柱体直径增大而增大。从图 7.39 可以更加明显地得出该结论。因此,不同柱体直径受力差异为 P_2 下部分迎流面作用的结果。

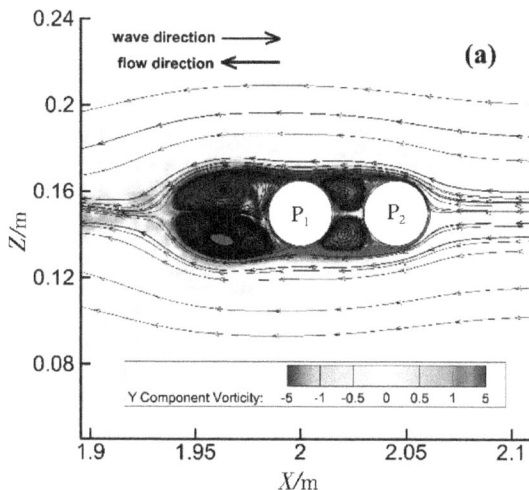

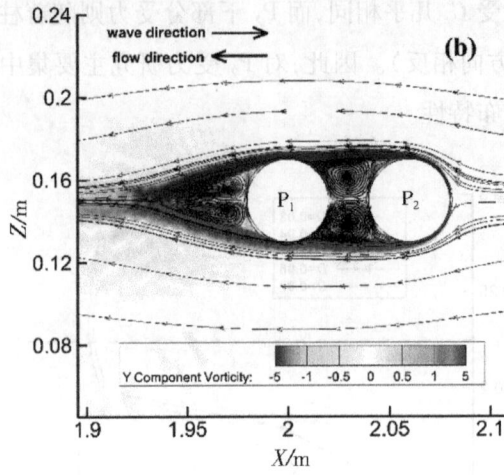

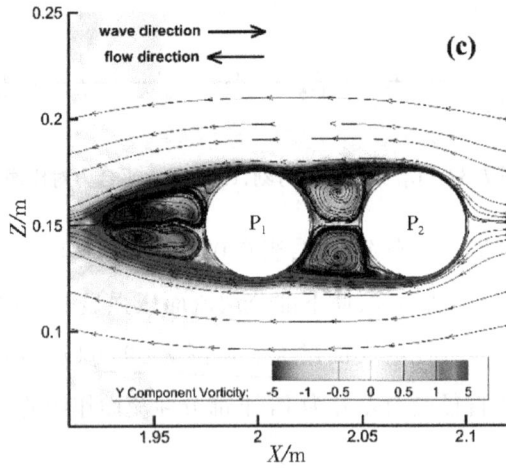

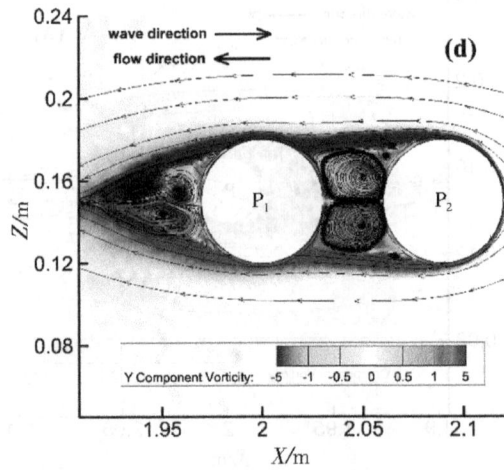

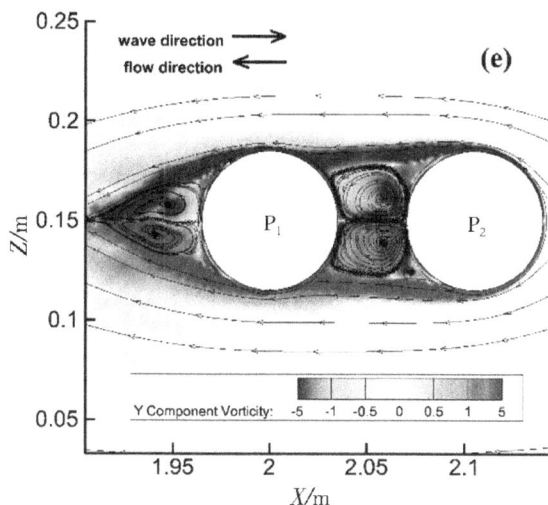

(a)$D = 0.03$ (b)$D = 0.04$ (c)$D = 0.05$ (d)$D = 0.06$ (e)$D = 0.07$

图 7.38 $C_{Fn} = C_{Fn-max}$ 时刻,下部分柱体中间处柱周涡量图

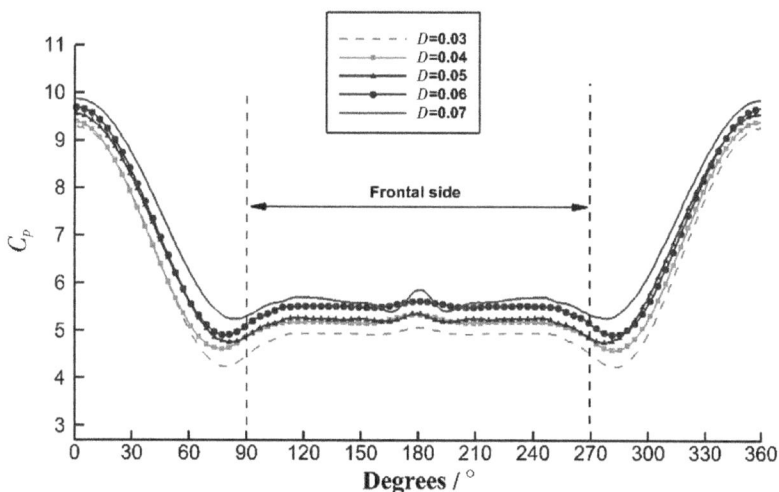

图 7.39 $Y = 0.16$ m 处柱周压强对比图

7.4 本章小结

在本章的研究中,我们深入探讨了岸坡地形上内波对串列双柱体的作用机制,以及岸坡地形和柱体本身的各种影响因素如何在内波传播过程中对串列双

柱体的受力特性产生影响。通过对双柱间距(L/D)、岸坡高度(H/h)以及柱体直径(D)这三个关键影响因子进行模型概化分析,我们得出了以下详细结论:

(1)柱间漩涡是决定柱体水平受力的关键因素,其扰动强度区间可以通过临界柱间距来区分。具体来说,当柱间距小于临界柱间距时,漩涡扰动变得非常剧烈,这会导致上游柱和下游柱承受较大的额外水平力,从而使得整个结构处于不稳定的受力状态。而当柱间距大于临界柱间距时,柱间漩涡的扰动强度会逐渐减弱,两个柱体的受力也会逐渐恢复到单柱状态,此时结构趋于稳定。

(2)在同波幅条件下,岸坡地形的升高对于串列双柱所受到的无量纲水平作用力产生了显著影响,会使其减小。这一现象的产生,主要是由于岸坡的升高加剧了内波与地形之间的相互作用。随着岸坡的升高,内波在与地形接触时所遇到的阻力和能量转换效应更为显著,这导致了波浪能量在柱体下方区域的分布和作用方式变得更加复杂。因此,柱体下部分的受力特性开始展现出与上部分不同的差异,这种差异主要集中在柱体的底部和接近底部的区域。

(3)在同波幅条件下,随着柱体直径的增大,串列双柱所受的无量纲水平作用力也会相应增大。这是因为柱体直径的差异引发了不同的漩涡扰动,这种扰动使得柱体在上、下部分的受力都会产生差异,尤其是这种影响对 P_1 的受力特性产生了更大的影响,从而使得整个结构的受力特性更加复杂。因此,在设计和优化岸坡地形上的串列双柱结构时,需要充分考虑这些关键影响因素,以确保结构的稳定性和安全性。

第八章 结论与展望

8.1 结论

本书通过构建高精度的三维数值水槽,详细模拟了内波在不同条件下的形成与传播过程,旨在深入研究内波对岸坡地形上柱体的作用特性。书中通过对比数值模拟结果与物理模型试验数据,验证了所建立数学模型的准确性和可靠性,这为后续研究提供了坚实的基础。研究中,我们特别关注了岸坡地形上内波传播的水动力学特性,以及在内波环境中单柱和串列双柱体的受力演变规律。通过剖析受力历时曲线图、涡量图、流场分布图和压强分布图,书中深入探究了不同地形、单柱、双柱、不同柱间距(L/D)、不同岸坡高度(H/h)、不同柱体直径 D 工况下,柱周流场特性和压强分布特性的演变规律,以获取上游柱 P_1 和下游柱 P_2 的受力响应机制。现将主要结论归纳如下。

8.1.1 岸坡地形下内波对单柱的受力特性

(1)在岸坡地形下,当内波传播至地形时,由于地形的浅水效应,内波下层流体的流速会显著增加。这种加速效应会对墩柱的下部分产生强烈的冲击,使得墩柱承受的水平作用力远大于无地形情况下的受力。具体来说,随着内波下层流体流速的增强,它对墩柱下部的冲击力也在增大,这种作用力在数值上往往比平坦地形条件下的数值更为显著。同时,在浅化过程中,加强的下层流体在一定程度上削弱了内波上层流体的流速,从而进一步加剧墩柱受力。

(2)内波在浅化过程中,其增强的下层流体与岸坡地形的相互作用会在岸坡迎流面形成涡旋。涡旋的存在使内波传经岸坡时与地形的相互作用变得更加复杂。与无地形情况相比,这种相互作用会使墩柱周围的流场更复杂多变,尤其是在靠近地形的墩柱下部。波致流和地形因素共同作用,引发复杂的水动力环境,使得墩柱受到的冲击作用更加剧烈,这对墩柱的稳定性和安全性提出了更高的工程要求。

（3）当内波与地形的相互作用并不强时，随着内波波幅的增大，平坡地形与岸坡地形下墩柱受力最不利时刻的峰值差异会逐渐减小；当内波与地形的相互作用较强时，这种相互作用会显著改变内波的传播特性，进而导致墩柱的受力特性发生变化。此外，内波在岸坡地形的传播过程中，由于与地形的相互作用，上、下层流体的流速会不断减小。因此，墩柱距离岸坡前坡越远，所承受的波致流带来的水平力冲击越小；反之，距离岸坡前坡越近，受到的水平作用力越大。

（4）当内波波幅保持不变时，随着墩柱半径的增大，墩柱的受力会随之增大。然而，这种增大并不是简单的线性关系。实际上，墩柱受力的变化幅度会随着半径的增大而增大，特别是在墩柱的下部分。这意味着，随着墩柱半径的增加，其受力极值时刻会提前到来，这可为墩柱的工程设计和施工提供一定的借鉴。

8.1.2　岸坡地形下内波对串列双柱的受力特性

（1）内波在传播过程中，会与地形发生相互作用，使柱体周围的流场变得更加复杂多变。这种流场的复杂性导致了柱体所受的水平合力方向与单柱在密度均一流状态下的受力方向产生显著差异，从而极大地改变了柱体的受力特征。具体来说，以密度跃层为界，地形对柱体受力的影响主要集中在其上部分的背流面和下部分的迎流面。在这两个区域，地形的坡度、粗糙度和形状等因素都会对柱体的受力产生重要影响。

（2）柱间距（L/D）对柱体 P_1 和 P_2 的受力有着显著的影响。在本研究中，我们定义了临界间距 $Lc/D = 3.0$，以此区分柱间强扰动与弱扰动状态。在强扰动区域（$L/D \leqslant Lc/D$），柱体 P_1 和 P_2 会受到更大的顺波向作用力和逆波向作用力。而在弱扰动区域（$L/D > Lc/D$），P_1 和 P_2 的受力逐渐恢复到单柱状态，但受力峰值略小于单柱工况，且这种作用效果主要集中体现在柱体的下部分。

（3）柱周压强分布和涡量分布揭示了内波与岸坡耦合作用下，柱体 P_1 和 P_2 之间相互扰动的特征。柱间距（L/D）决定了漩涡区的大小和位置，进而直接影响柱体的受力特性。特别是在下层水体中，漩涡扰动更为剧烈，而上层水体的漩涡对柱体受力的影响则可以忽略不计。P_2 的存在显著影响了 P_1 的受力，这种影响主要体现在下层水体中的流场和压强分布上；同样，P_1 的存在也对 P_2 的受力产生了显著影响,这种影响在上、下层水体中的流场和压强分布上均有体现。

(4)在相同的波幅条件下,随着岸坡地形高度的增加,串列双柱体所受到的无量纲水平作用力普遍减小。这是因为岸坡的升高加剧了内波与地形的相互作用,使得柱体的下部分受力变得更加复杂。因此,受力特性的差异集中体现在柱体的下部分。

(5)在相同的波幅条件下,随着柱体直径的增大,串列双柱体所受的无量纲水平作用力普遍增大。这是因为柱体直径的差异会导致不同的漩涡扰动,从而使得柱体的上、下部分受力均产生差异。这种效果对P_1的受力特性影响尤为显著,因为P_1的受力特性不仅受到自身直径的影响,还受到P_2存在的影响。这种影响在上、下两层水体中的流场和压强分布上都有所体现。

8.2　展望

在实际工程实践中,对岸坡地形上墩柱的设计与防护是一项至关重要的工作。墩柱作为支撑结构,其稳定性和安全性直接关系到整个工程的安全运行。在设计过程中,我们必须着重考虑墩柱下部分尤其是靠近岸坡区域的保护,因为这些区域往往承受着最大的内波冲击力。同时,墩柱的半径、墩柱与前坡的距离,以及内波与地形之间的相互作用等敏感因素,都对墩柱的受力特性产生显著影响。

尽管本研究已经对墩柱在内波环境中的受力特性进行了深入分析,但仍然存在一些不足之处,需要在未来研究中进一步探讨和完善:

(1)本研究主要针对小尺度波幅情况下的内波对岸坡平台上墩柱受力特性的影响进行了模拟。然而,在实际海洋环境中,大尺度内波现象更为常见,且其影响更为复杂。因此,下一步的研究应当扩展到更大尺度波幅的内波环境中,探究其与墩柱受力特性的关系,以便更全面地评估内波对墩柱的影响。

(2)本研究建立的三维精细数值水槽模型,虽然对实际斜坡地形进行了概化,但与真实的近海岸、河口地形相比,仍存在一定的简化。真实地形往往更加复杂,包括多种地形特征和海底地形变化,这些因素在内波传播和墩柱受力中扮演着重要角色。因此,未来的研究需要探讨更复杂的地形情况,更准确地模拟实际海洋环境。

（3）本研究缺乏相对应的物理实验来验证数值模拟结果的可靠性。虽然数值模拟可以提供理论分析和预测，但物理实验能够直接观察和测量内波与墩柱相互作用的现象，从而为数值模拟提供重要的实验依据。

（4）模型本身还可以进一步精细化。目前模拟的模型与实际地形之间仍存在一定差异，未来研究可以通过引入更复杂的地形参数和物理过程，如潮汐、潮流、波浪破碎等，来拓展模型的适用性。

（5）为了更全面地理解内波对墩柱的影响，未来的研究需要对模型进行更多尺度的优化，包括小尺度、中尺度和大尺度波幅的模拟，以及不同水深、不同地形条件下的模拟，以确保研究成果的普适性和实用性。通过这些改进，我们可以为墩柱的设计和防护提供更科学、更可靠的依据。

参 考 文 献

[1]蔡树群,何建玲,谢皆烁.近 10 年来南海孤立内波的研究进展[J].地球科学进展,2011,26(7):703 - 710.

[2]马珉,吕学谦.深水资源:中国能源可持续发展的重要领域:访中国海洋石油总公司副总工程师曾恒一院士[J].高科技与产业化,2008(12):16 - 19.

[3]RAMP S R,TANG T Y,DUDA T F,et al. Internal solitons in the northeastern South China Sea:part I:sources and deep water propagation[J]. IEEE journal of oceanic engineering,2004,29(4):1157 - 1181.

[4]YANG Y J,TANG T Y,CHANG M H,et al. Solitons northeast of Tung-Sha Island during the ASIAEX pilot studies[J]. IEEE journal of oceanic engineering, 2004,29(4):1182 - 1199.

[5]WILLIAMS S J,JENG D S. The effects of a porous-elastic seabed on interfacial wave propagation[J]. Ocean engineering,2007,34(13):1818 - 1831.

[6]孙丽娜,张杰,孟俊敏.2010—2015 年南海和苏禄海内孤立波时空分布特征分析[J].海洋科学进展,2019,37(3):398 - 408.

[7]刘雅馨,钱基,熊利平,等.我国深水油气开发所面临的机遇与挑战[J].资源与产业,2013,15(3):24 - 28.

[8]杜涛,吴巍,方欣华.海洋内波的产生与分布[J].海洋科学,2001(4):25 - 28.

[9]王玲玲,王寅,魏岗,等.内孤立波环境下圆柱和方柱受力特征:Ⅱ.数值模拟[J].水科学进展,2017,28(4):588 - 597.

[10]KURKINA O,ROUVINSKAYA E,TALIPOVA T,et al. Propagation regimes and populations of internal waves in the Mediterranean Sea basin[J]. Estuarine,coastal and shelf science,2017,185:44 - 54.

[11]COLOSI J A,KUMAR N,SUANDA S H,et al. Statistics of internal tide bores and internal solitary waves observed on the inner continental shelf off Point

Sal,California[J]. Journal of physical oceanography,2017,48(1):123 – 143.

[12]杨帆,朱仁庆,陈旭东,等.内孤立波作用下水下潜器的载荷特性数值分析[J].舰船科学技术,2017,39(5):26 – 31.

[13]叶潇潇,游景皓,宋金宝.实验室造波条件对内孤立波发展影响的直接数值模拟[J].海洋与湖沼,2021,52(3):573 – 583.

[14]李家春.水面下的波浪:海洋内波[J].力学与实践,2005,27(2):1 – 6.

[15]韩鹏,钱洪宝,李宇航,等.内波的生成、传播、遥感观测及其与海洋结构物相互作用研究进展[J].海洋工程,2020,38(4):148 – 158.

[16]OSBORNE A R,BURCH T L. Internal solitons in the Andaman Sea[J]. Science,1980,208:451 – 460.

[17]EBBESMEYER C C,COOMES C A,HAMITON R C. New observations on internal waves (solitons) in the South China Sea using an acoustic Doppler current profiler[J]. Marine technology society journal,1991,91:165 – 175.

[18]白晔斐.两层流体界面孤立子内波演变过程数值研究[D].青岛:中国科学院海洋研究所,2005.

[19]LIAPIDEVSKII V,GAVRILOV N. Large internal solitary waves in shallow waters[M]//VELARDE M G,TARAKANOV R Y,MARCHENKO A V. The oceanin motion. Berlin:Springer,2018:87 – 108.

[20]XU C Z,SUBICH C,STASTNA M. Numerical simulations of shoaling internal solitary waves of elevation[J]. Physics of fluids,2016,28(7):076601.

[21]WANG X,ZHOU J F,WANG Z,et al. A numerical and experimental study of internal solitary wave loads on semi-submersible platforms[J]. Ocean engineering,2018,150:298 – 308.

[22]赵晶瑞,谢彬,粟京,等.半潜式钻井平台内波工况瞬态系泊分析[J].舰船科学技术,2018,40(11):71 – 75.

[23]武军林,魏岗,杜辉.下凹内孤立波流场与横置细长潜体相互作用特性的实验研究[J].水动力学研究与进展(A辑),2017,32(5):592 – 599.

[24]DU T,SUN L,ZHANG Y,et al. An estimation of internal soliton forces on a pile in the ocean[J]. Journal of ocean university of China,2007,6(2):101 – 106.

［25］WANG X,LIN Z Y,YOU Y X,et al. Numerical Simulations for the Load Characteristics of Internal Solitary Waves on a Vertical Cylinder［J］. Journal of ship mechanics,2017,21(9):1071 – 1085.

［26］NORTH G W. Marie Tharp:The lady who showed us the ocean flars［J］. Physics and chemistry of the earth,2010,35(15):881 – 886.

［27］TIMOTHY W. Internal solitons on the pycnocline:generation, propagation,and shoaling and breaking over a slope［J］. Journal of fluid mechanics,1985, 159:19 – 53.

［28］陈伟民,郑仲钦,张立武,等. 内波致剪切流作用下深海立管的涡激振动［J］. 工程力学,2011,28(12):250 – 256.

［29］CHEN C Y,HSU R C,CHEN H H,et al. Laboratory observations on internal solitary wave evolution on steep and inverse uniform slopes［J］. Ocean engineering,2007,34(1):157 – 170.

［30］李效民,张林,郭海燕,等. 内孤立波数值造波方法及其与理论和实验结果的比较［J］. 海洋与湖沼,2016,47(5):898 – 905.

［31］关晖,苏晓冰,田俊杰. 三维海洋内孤立波数值水槽造波研究［J］. 计算力学学报,2011,28(Z1):60 – 64.

［32］ZDRAVKOVICH M M. Review of flow interference between two circular cylinders in various arrangements［J］. Journal of fluids engineering,1977,99(4): 618 – 633.

［33］GOPALAN H,JAIMAN R. Numerical study of the flow interference between tandem cylinders employing non-linear hybrid URANS-LES methods［J］. Journal of wind engineering and industrial aerodynamics,2015,142:111 – 129.

［34］ALAM M M,ZHOU Y. Strouhal numbers,forces and flow structures around two tandem cylinders of different diameters［J］. Journal of fluids and structures,2008,24(4):505 – 526.

［35］KORTEWEG D J,DE VRIES G. On the change of form of long waves advancing in a rectangular canal,and on a new type of long stationary waves［J］. Philosophical magazine,1895,91(6):422 – 443.

[36]BENJAMIN T B. Internal waves of finite amplitude and permanent form [J]. Journal of fluid mechanics,1966,25(2):241 – 270.

[37]FUNAKOSHI M,OIKAWA M. Long internal waves of large amplitude in a two-layer fluid[J]. Journal of the physical society of Japan,1986,55(1):128 – 144.

[38]MICHALLET H,BARTHELEMY E. Experimental study of interfacial solitary waves[J]. Journal of fluid mechanics,1998,366:159 – 177.

[39]CHOI W,CAMASSA R. Weakly nonlinear internal waves in a two-fluid system[J]. Journal of fluid mechanics,1996,313:83 – 103.

[40]CHOI W,CAMASSA R. Fully nonlinear internal waves in a two-fluid system[J]. Journal of fluid mechanics,1999,396:1 – 36.

[41]MADSEN O S,MEI C C. The transformation of a solitary wave over an uneven bottom[J]. Journal of fluid mechanics,1969,39(4):781 – 791.

[42]魏岗,尤云祥,缪国平,等. 分层流体中内孤立波在台阶上的反射和透射[J]. 力学学报,2007(1):45 – 53.

[43]KATAOKA T,TSUTAHARA M,AKUZAWA T. Two-dimensional evolution equation of finite-amplitude internal gravity waves in a uniformly stratified fluid[J]. Physical review letters,2000,84(7):1447.

[44]STAMP A P,JACKA M. Deep-water internal solitary waves[J]. Journal of fluid mechanics,1995,305(1):347 – 371.

[45]MORISON J R,O'BRIEN M P,JOHNSON J W,et al. The force exerted by surface waves on piles[J]. Journal of petroleum technology,1950,2(5):149 – 154.

[46]CAI S Q,LONG X M,GAN Z J. A method to estimate the forces exerted by internal solitons on cylindrical piles[J]. Ocean engineering,2003,30(5):673 – 689.

[47]SONG Z J,TENG B,GOU Y,et al. Comparisons of internal solitary wave and surface wave actions on marine structures and their responses[J]. Applied ocean research,2011,33(2):120 – 129.

[48]尤云祥. 两层流体中大直径桩柱的水动力特性[C]//第十六届全国水动力学研讨会文集,2002:57 – 63.

［49］孙丽.南海内孤立波的生成、演变及对桩柱的作用［D］.青岛:中国海洋大学,2006.

［50］林忠义,尤云祥,曲衍,等.内孤立波作用下顶部张紧式立管动力特性［J］.海洋工程,2012,30(2):20－25.

［51］殷文明,郭海燕,廖发林,等.内孤立波对不同水深竖直圆柱体水平作用力分析［J］.中国海洋大学学报(自然科学版),2018,48(9):125－131.

［52］谢华荣.南海北部陆坡内孤立波对桩柱的作用力推算［D］.青岛:自然资源部第一海洋研究所,2019.

［53］CAI S Q,LONG X M,WANG S G. Forces and torques exerted by internal solitons in shear flows on cylindrical piles［J］. Applied ocean research,2008,30(1):72－77.

［54］BEJI S. Applications of Morison's equation to circular cylinders of varying cross-sections and truncated forms［J］. Ocean engineering,2019,187:106156.

［55］STILLINGER D C,HELLAND K N,VAN ATTA C W. Experiments on the transition of homogeneous turbulence to internal waves in a stratified fluid［J］. Journal of fluid mechanics,1983,131:91－122.

［56］TANG D J,MOUM J N,LYNCH J F,et al. Shallow water:a joint acoustic propagation/nonlinear internal wave physics experiment［J］. Oceanography,2007,20(4):156－167.

［57］CHEN C Y,HSU R C,CHEN C W,et al. Wave propagation at the interface of a two-layer fluid system in the laboratory［J］. Journal of marine science and technology,2007,15(1):8－16.

［58］CHEN C Y. An experimental study of stratified mixing caused by internal solitary waves in a two-layered fluid system over variable seabed topography［J］. Ocean engineering,2007,34(14－15):1995－2008.

［59］KODAIRA T,WASEDA T,MIYATA M,et al. Internal solitary waves in a two-fluid system with a free surface［J］. Journal of fluid mechanics,2016,804:201－223.

［60］屈子云,魏岗,杜辉,等.下凹型内孤立波沿台阶地形演化特征试验

[J].河海大学学报(自然科学版),2015,43(1):85－89.

[61]黄鹏起,陈旭,孟静,等.内孤立波破碎所致混合的实验研究[J].海洋与湖沼,2016(3):533－539.

[62]杜辉,魏岗,张原铭,等.内孤立波沿缓坡地形传播特性的实验研究[J].物理学报,2013,62(6):353－360.

[63]HELFRICH K R. Internal solitary wave breaking and run-up on a uniform slope[J]. Journal of fluid mechanics,1992,243:133－154.

[64]WESSELS F,HUTTER K. Interaction of internal waves with a topographic sill in a two-layered fluid[J]. Journal of physical oceanography,1996,26(1):5－20.

[65]CHEN C Y,HSU R C,CHENG M H,et al. An investigation on internal solitary waves in a two-layer fluid:propagation and reflection from steep slopes[J]. Ocean engineering,2007,34(1):171－184.

[66]李占.小尺度水平柱体在水波与内波场中的受力模拟[D].天津:天津大学,2008.

[67]黄文昊,尤云祥,王旭,等.圆柱型结构内孤立波载荷实验及其理论模型[J].力学学报,2013,45(5):716－728.

[68]CHENG M H,HSU R C,CHEN C Y. Laboratory experiments on waveform inversion of an internal solitary wave over a slope-shelf[J]. Environmental fluid mechanics,2011,11(4):353－384.

[69]FORGIA G L,ADDUCE C,FALCINI F. Laboratory investigation on internal solitary waves interacting with a uniform slope[J]. Advances in water resources,2017,120:4－18.

[70]ARNTSEN A. Disturbances lift and drag forces due to the translation of a horizontal circular cylinder instratified water[J]. Experiments in fluids,1996,21(5):387－400.

[71]王新超.内波场中圆柱体局部水平力试验研究[D].青岛:中国海洋大学,2014.

[72]陈旭.分层流体中内波对物体的作用力[D].青岛:中国海洋大学,

2006.

[73]WEI G,DU H,XU X H,et al. Experimental investigation of the generation of large-amplitude internal solitary wave and its interaction with a submerged slender body[J]. Science China physics, mechanics and astronomy,2014,57(2):301 – 310.

[74]邹丽,马鑫宇,杜兵毅,等. 水面结构物在内孤立波作用下的数值模拟研究[C]//中国力学学会,浙江大学. 中国力学大会论文集(CCTAM2019),2019:9.

[75]CAI S Q,LONG X M,GAN Z J. A numerical study of the generation and propagation of internal solitary waves in the Luzon Strait[J]. Oceanologica acta,2002,25(2):51 – 60.

[76]杨锦凌,孙大鹏. 基于FLUENT 二次开发的数值波浪水槽[J]. 中国水运(下半月),2012,12(5):59 – 61.

[77]万德成.用VOF 法数值模拟孤立波迎撞及在后台阶上的演化[J]. 计算物理,1998,15(6):17 – 28.

[78]CHENG M H,HSIEH C M,HSU J R C,et al. Effect of porosity on an internal solitary wave propagating over a porous trapezoidal obstacle[J]. Ocean engineering,2017,130:126 – 141.

[79]宋志军,勾莹,滕斌,等. 内孤立波作用下Spar 平台的运动响应[J]. 海洋学报,2010,32(2):12 – 19.

[80]刘碧涛,李巍,尤云祥,等. 内孤立波与深海立管相互作用数值模拟[J]. 海洋工程,2011,29(4):1 – 7.

[81]XU Z H,YIN B,YANG H,et al. Depression and elevation internal solitary waves in a two-layer fluid and their forces on cylindrical piles[J]. 中国海洋湖沼学报(英文版),2012,30(4):703 – 712.

[82]SI Z S,ZHANG Y L,FAN Z S. A numerical simulation of shear forces and torques exerted by large-amplitude internal solitary waves on a rigid pile in South China Sea[J]. Applied ocean research,2012,37:127 – 132.

[83]LU H B,XIE J H,XU J X,et al. Force and torque exerted by internal sol-

itary waves in background parabolic current on cylindrical tendon leg by numerical simulation[J]. Ocean engineering,2016,114:250 – 258.

[84]王旭,林忠义,尤云祥. 内孤立波与直立圆柱体相互作用特性数值模拟[J]. 哈尔滨工程大学学报,2015,36(1):6 – 11.

[85]王玲玲,王寅,魏岗,等. 内孤立波环境下圆柱和方柱受力特征:Ⅰ. 物理实验[J]. 水科学进展,2017,28(3):429 – 437.

[86]王寅,王玲玲,计勇,等. 内孤立波环境下柱体的受力特性[J]. 水利水电科技进展,2020,40(2):17 – 22.

[87]姜海,郭海燕,赵婧,等. 海洋内孤立波中顶张力立管的动力响应研究[J]. 海洋湖沼通报,2017(3):60 – 67.

[88]崔俊男,王智峰,董胜,等. 内孤立波作用下竖直圆柱体的横向力研究[J]. 海洋湖沼通报,2019(4):1 – 13.

[89]杜兵毅. 内孤立波过地形演化规律的研究[D]. 大连:大连理工大学,2020.

[90]孙志伟. 内孤立波在斜坡地形上传播的数值模拟及分析[D]. 大连:大连理工大学,2021.

[91]DING W,SUN H,ZHAO X,et al. Numerical investigation of an internal solitary wave interaction with tandem horizontal cylinders[J]. Ocean engineering,2022,246:110658.

[92]WANG Y,WANG L L,ZHU H,et al. A numerical study of the forces on two tandem cylinders exerted by internal solitary waves[J]. Mathematical problems in engineering,2016,2016:9086246. 1.

[93]WANG Y,WANG L,JI Y,et al. Research on the force mechanism of two tandem cylinders in a stratified strong shear environment[J]. Physics of fluids,2022,34(5):053308.

[94]TALIPOVA T G,KURKINA O E,ROUVINSKAYA E A,et al. Propagation of solitary internal waves in two-layer ocean of variable depth[J]. Izvestiya,atmospheric and oceanic physics,2015,51(1):89 – 97.

[95]GERMANO M,MASSIMO,PIOMELLI,et al. A dynamic subgrid-scale ed-

dy viscosity model[J]. Physics of fluids,1991,3(7):1760 – 1760.

[96]王伟,郭海燕,王飞,等.内孤立波波致流场数值模拟研究[J].海洋与湖沼,2016,47(3):502 – 508.

[97]关晖,苏晓冰,田俊杰.分层流体中内孤立波数值造波方法及其应用[J].力学季刊,2011,32(2):218 – 224.

[98]CHEN C Y,HSU R C,CHEN C W,et al. Generation of internal solitary wave by gravity collapse[J]. Journal of marine ence & technology,2007,15(1):1 – 7.

[99]陈钰,朱良生.基于 FLUENT 的海洋内孤立波数值水槽模拟[J].海洋技术,2009,28(4):72 – 75.

[100]王旭,林忠义,尤云祥.两层流体中内孤立波质量源数值造波方法[J].上海交通大学学报,2014,48(6):850 – 855.

[101]MICHALLEF H,BARTHELEMY E. Experimental study of large interfacial solitary waves[J]. Fluid mechanics,1998,366:159 – 177.

[102]CAMASSA R,CHOI W,MICHALLET H,et al. On the realm of validity of strongly nonlinear asymptotic approximations for internal waves[J]. Journal of fluid mechanics,2006,549(1):1 – 23.

[103]GERMANO M,PIOMELLI U,MOIN P,et al. A dynamic subgrid-scale eddy viscosity model[J]. Physics of fluids:fluid dynamics,1991,3(7):1760 – 1765.

[104]LI X Y,REN B,WANG G Y,et al. Numerical simulation of hydrodynamic characteristics on an arc crown wall using volume of fluid method based on BFC[J]. Journal of hydrodynamics,2011,23(6):767 – 776.

[105]陈怡星.基于 SIMPLE 算法的轿车空调吹风道的流场模拟[J].机械工程师,2008(11):111 – 112.

[106]曹引,冶运涛,梁犁丽,等.二维水动力模型参数和边界条件不确定性分析[J].水力发电学报,2018,37(6):47 – 61.

[107]LA FORGIA G,SCIORTINO G. Free-surface effects induced by internal solitons forced by shearing currents[J]. Physics of fluids,2021,33(7):072102.

[108] ZHU H, WANG L L, AVITAL E J, et al. Numerical simulation of shoaling broad-crested internal solitary waves[J]. Journal of hydraulic engineering, 2017, 143(6):04017006.

[109] ZHU H, WANG L L, AVITAL E J, et al. Numerical simulation of interaction between internal solitary waves and submerged ridges[J]. Applied ocean research, 2016, 58:118 – 134.

[110] CHEN C Y. Amplitude decay and energy dissipation due to the interaction of internal solitary waves with a triangular obstacle in a two-layer fluid system: The blockage parameter[J]. Journal of marine science and technology, 2019, 14(4): 499 – 512.

[111] 邹丽, 李振浩, 于宗冰, 等. 内孤立波造波实验及造波参数对其形态的影响研究[C]//中国力学学会流体力学专业委员会. 第十届全国流体力学学术会议论文摘要集, 2018:258 – 259.

[112] LIN Z H, SONG J B. Numerical studies of internal solitary wave generation and evolution by gravity collapse[J]. Journal of hydrodynamics, 2012, 24(4): 541 – 553.

[113] 王飞. 内孤立波作用下小尺度竖直圆柱体的水动力特性研究[D]. 青岛:中国海洋大学, 2015.

[114] TALIPOVA T, TERLETSKA K, MADERICH V, et al. Internal solitary wave transformation over a bottom step: Loss of energy[J]. Physics of fluids, 2013, 25 (3):076602.

[115] 郭钰林, 孟静, 徐昱, 等. 内孤立波与平顶海山作用的能量耗散实验研究[J]. 海洋与湖沼, 2021, 52(4):846 – 859.